农产品加工技术汇编系列丛书

U0393388

特色农产品及
水产品加工技术

杨 琴 主编

中国农业科学技术出版社

图书在版编目（CIP）数据

特色农产品及水产品加工技术／杨琴主编.—北京：中国农业科学技术出版社，2016.12
ISBN 978 - 7 - 5116 - 2854 - 1

Ⅰ.①特…　Ⅱ.①杨…　Ⅲ.①特色农业 - 农产品加工 ②水产品加工　Ⅳ.①S37 ②S98

中国版本图书馆 CIP 数据核字（2016）第 284933 号

责任编辑	张孝安
责任校对	杨丁庆
出 版 者	中国农业科学技术出版社
	北京市中关村南大街 12 号　邮编：100081
电　　话	(010)82109708(编辑室)　(010)82109702(发行部)
	(010)82109709(读者服务部)
传　　真	(010)82106650
网　　址	http://www.castp.cn
经 销 者	各地新华书店
印 刷 者	北京富泰印刷有限责任公司
开　　本	710 mm×1000 mm　1/16
印　　张	6.75
字　　数	120 千字
版　　次	2016 年 12 月第 1 版　2016 年 12 月第 1 次印刷
定　　价	34.00 元

前　言
PREFACE

农产品加工业是农业现代化的重要标志和国民经济战略性支柱产业。大力发展农产品加工业，对于推动农业供给侧结构性改革和农村一二三产业融合发展，促进农业现代化和农民持续增收，提高人民生活质量和水平具有十分重要的意义。

农产品加工是指以农业生产中的植物性产品和动物性产品为原料，通过一定的工程技术处理，使其改变外观形态或内在属性的物理及其化学过程，按加工深度可分为初加工和精深加工。初加工一般不涉及农产品内在成分变化，主要包括分选分级、清洗、预冷、保鲜、贮藏等作业环节；精深加工指对农产品二次以上的加工，使农产品发生化学变化，主要包括搅拌、蒸煮、提取、发酵等作业环节。积极研发、推广先进适用的农产品加工技术，有利于充分利用各类农产品资源，提高农产品附加值，生产开发能够满足人民群众多种需要的各类加工产品，是实施创新驱动发展战略，促进农产品加工业转型升级发展的重要举措。

近年来，我国农产品加工业在创新能力建设、技术装备研发和人才队伍培养等方面均取得了长足进步，解决了农产品加工领域的部分关键共性技术难题，开发了一批拥有自主知识产权的新技术、新工艺、新产品、新材料和新装备。为加强农产品加工新技术、新装备的推广和普及，农业部农产品加工局委托农业部规划设计研究院的专家学者，以近年来征集的大专院校、科研院所及相关企业的农产品加工技术成果为基础，组织编写了

农产品加工技术汇编系列丛书。该系列丛书共有四册，分别是《粮油加工技术》《果蔬加工技术》《肉类加工技术》和《特色农产品及水产品加工技术》，筛选了一批应用性强、具有一定投资价值、可直接转化的农产品加工实用技术成果进行重点推介，包括技术简介、主要技术指标、市场前景及经济效益等方面的内容，为中小加工企业、专业合作社、家庭农场等各类经营主体投资决策提供参考。我们由衷期待，这套丛书能够为加快我国农产品加工新技术、新装备的推广应用，促进农产品加工业转型升级发展，带动农民致富增收发挥积极有效的作用。

由于编者水平有限，书中难免出现疏漏和不妥之处，敬请读者批评指正。

编　者

2016 年 10 月

目 录
CONTENTS

1 茶叶加工技术

1.1 概述

1.1.1 原料及生产情况

我国是最早发现并利用茶叶的国家，早在 6 000 多年前，浙江省余姚一带就开始种植茶树，随后茶文化渐渐传播开来，并逐步传播到国外。但追根溯源，世界各国种茶、制茶的技术，均直接或间接的来源于我国。随着人们对茶的了解的逐渐深入，意识到采摘的新鲜茶树叶无法长期保存，须在采摘之后进行必要的加工。茶树鲜叶在采摘后经初制加工生产出的产品称为毛茶，毛茶已经形成了茶类品质和特点；在毛茶基础上进行的加工称为精制或商品茶加工，加工后形成的产品称为精制茶或商品茶。根据初制加工过程中茶叶的发酵程度不同进行分类，我国的茶叶产品可以分为六大类，即绿茶、黄茶、青茶（乌龙茶）、红茶、黑茶和白茶，且以绿茶、红茶和乌龙茶为消费者消费的主要茶产品。绿茶是不发酵的茶，其发酵度为零；黄茶属微发酵的茶，其发酵度为 10% ~20%，在制茶过程中，经过闷堆渥黄，因而形成黄叶、黄汤，黄茶又可细分为"黄芽茶""黄小茶""黄大茶"三类；青茶又称乌龙茶，属于半发酵茶，是介于绿茶与红茶之间的一种茶叶；红茶属于全发酵的茶，其发酵度约为 80% ~90%，又可细分为小种红茶、工夫红茶和红碎茶三大类；黑茶属后发酵的茶，其发酵度约为 100%；白茶属于轻度发酵的茶，其发酵度约为 20% ~30%。

2015 年 12 月末，我国实有茶园面积 279.14 万 hm^2，茶叶产量 224.9 万 t，其中绿茶产量 149.5 万 t，占总产量的 66.5%；青茶 27 万 t；红茶 20.3 万 t；黑茶 12.6 万 t。

1.1.2　加工行业现状

2015年，全国规模以上精制茶加工业企业数量为1 687家，占规模以上农产品加工业企业数量的2.2%；累计完成主营业务收入1 906.0亿元，同比增长12.5%；累计实现利润总额156.4亿元，同比增长5.9%；主营业务收入利润率为8.2%，比农产品加工业主营业务收入利润率高1.5个百分点。近三年来，精制茶加工业的主营业务收入利润率基本保持在8.2%—9.1%的范围内。大型精制茶加工企业9家，占全部规模以上精制茶加工业企业的0.5%；中型企业137家，占8.1%；小型企业1 541家，占91.3%。因此，从企业规模看，精制茶加工业企业九成以上是小微企业。小型企业的主营业务收入占比较大，且增速明显高于大中型企业，利润总额增长速度也较快。东部地区拥有精制茶加工企业593家，占全国规模以上精制茶加工业企业的35.2%；中部地区拥有精制茶加工企业574家，占34.0%；西部地区拥有企业516家，占30.6%；东北地区拥有企业4家，占0.2%。

2015年，全国茶叶加工商品累计进出口量34.8万吨，同比增长7.4%。其中，累计出口量32.5万吨，同比增长7.8%；累计进口量2.3万吨，同比增长1.7%。全国茶叶加工商品累计进出口总额14.9亿美元，同比增长9.0%，增速较上年同期上升5.7个百分点。其中，累计出口金额13.8亿美元，同比增长8.6%；累计进口金额1.1亿美元，同比增长14.6%。茶叶产品前五大出口目的地按出口数量统计为摩洛哥、乌兹别克斯坦、塞内加尔、美国和阿尔及利亚；按出口金额统计为摩洛哥、中国香港、美国、塞内加尔和越南。

1.1.3　加工技术发展趋势

按茶叶生产和加工过程，可将茶叶加工技术粗略分为茶叶初加工，茶叶精加工和茶叶深加工3个阶段。茶叶初加工是指将采摘的新鲜茶叶通过杀青、萎凋、揉捻、发酵和干燥等流程制成茶叶的过程，这个阶段的茶叶成为毛茶。毛茶可能长短、大小、圆扁不一，含有杂质而不好售卖。茶叶精加工利用筛分、切轧、风选、拣剔、干燥和拼接等一系列技术对毛茶区分好茶，去杂提纯，使之成为品相好、质量分类统一的商品茶。茶叶深加工则是以茶鲜叶或者成品茶为原料，采用浸提、分离、提纯等各种工序，对茶叶内含物进行提取分离的，用以保健品、食品、化妆品等的开发利用。我国茶叶不同的加工技术其发展现状和问题也不同，总体上我国茶叶加工技术在不断的改进和提高，但标准化、自动化和连续化水平有待提高。我国茶叶初加工技术通过不断引进而得以提高，自 2001 年加入 WTO 以来，我国不断增加茶叶生产技术研发投入，同时不断吸收引进国外先进技术、新设备和全新流程，茶叶初制环节涌现了许多新兴杀青技术的应用，如中国农业科学院设计引进研究和正在进行新型绿茶开发实验的蒸汽热风混合杀青技术，能 100% 消除绿茶的烟焦味，可减轻秋茶的苦涩味。我国茶叶精加工技术要求逐日提高，研究茶叶精制技术，探索生产优质产品和提高经济效益是实际形势发展所需，而规划、清洁、连续和自动的茶叶精加工是我国茶叶产业探索和前进的方向。茶叶深加工的技术不断完善和更新，如生产茶饮料生产中引进的先进技术，如高速离心技术、膜分离提取技术、逆流提取技术、超高温杀菌技术、无菌冷灌装等技术，明显提高了产量和质量。在速溶茶生产中则应用了冷冻干燥技术、低温粉粹技术、微胶囊技术、急速与超高压加工技术等。

1.2　茶叶加工实用技术及装备

1.2.1　灵芝复合茶系列产品的研制与开发

1.2.1.1　技术简介

　　该成果充分考虑灵芝与枸杞、金银花、野菊花的互补作用，通过配方研究和工艺改进，研制了灵芝速溶茶和原生茶两种系列的复合茶系列产品。速溶茶制备首先将赤灵芝、金银花、野菊花、枸杞子洗净，经沸水提取浓缩制成浸膏，然后将浸膏和辅料搅拌均匀，制备成速溶的干颗粒。其中浸膏添加量为 5% 时为清茶，浸膏添加量为 15% 时为靓丽茶。原生茶制备是对赤灵芝进行切片，按一定比例添加金银花、菊花、枸杞子，洗净，烘干灭菌而成。将传统中医中药学理论与现代食品加工学有机结合，配方科学，具有创新性，加工工艺先进，产品营养成分丰富，口味独特，系列产品适应不同消费者需要。

1.2.1.2　主要技术指标

湖北省重大科学技术成果（EK080564）。

1.2.1.3　投资规模

无。

1.2.1.4　市场前景及经济效益

国内外科学家采用现代科学技术，已证实了灵芝的活性成分和多方面的保健功能。该成果涉及的灵芝系列产品将可以适合不同消费者的需求。随着经济社会的发展，人们日益重视生活质量和健康，灵芝复合茶系列饮品将具有巨大的市场潜力和发展空间。我国灵芝野生资源分布广泛，人工栽培技术也日益普及。若能将灵芝茶系列产品成功大规模推向市场，将有力地带动当地灵芝栽培产业，促进当地农民增收，经济效益和社会效益十分显著。

1.2.1.5　联系方式

联系单位：华中农业大学

通信地址：湖北省武汉市狮子山街 1 号

联系电话：027 – 87284396

电子信箱：bianyinbing@ mail. hzau. edu. cn

1.2.2　萌动苦荞米、茶、面加工技术

1.1.2.2.1　技术简介

采用发芽萌动和内源酶活化专利技术，苦荞黄酮、D – 手性肌醇、γ –

氨基丁酸等功效成分含量分别提高 1.6 倍、7.2 倍和 15 倍以上。进一步加工萌动苦荞米、苦荞茶，副产物可同时加工苦荞面等产品。

1.2.2.2　主要技术指标

年处理苦荞 2 000t，苦荞整米率 90% 以上。

1.2.2.3　投资规模

设备投资约 380 万元，流动资金 150 万元。

厂房 800m²，需购置或创制浸泡、蒸制、干燥、脱壳、焙香等专用设备。

1.2.2.4　市场前景及经济效益

原料成本约 800 万元，加工产品销售收入超过 1 500 万元。

1.2.2.5　联系方式

联系单位：山西省农业科学院农产品加工研究所

通信地址：山西省太原市小店区太榆路 185 号

联系电话：0351 - 7639556

电子信箱：bjsheng66@sina.com

1.2.3　苦荞米芽茶及其制备方法

1.2.3.1　技术简介

苦荞米芽茶以优质易脱壳米荞 1 号为原料，采用生脱壳后再发芽、熟化、烘干和炒制等工艺加工精制而成。所得苦荞茶呈黄绿色，不仅黄酮功能成分含量高，而且冲泡后无悬浮物质，茶汤清澈，口感好，耐冲泡，深受消费者喜爱。

1.2.3.2　主要技术指标

年产 10 ~ 30t 优质苦荞米芽茶。

1.2.3.3　投资规模

前期投入 1 000 万 ~ 1 500 万元，主要用于厂房建设、苦荞米芽茶生产线及配套设施建设等。

小型苦荞米芽茶生产厂房面积 800 ~ 1 200m²，所需设备主要包括原料预处理设备、脱壳设备、蒸煮设施、炒制设备、灭菌设备、包装设备、品质检验设备等。

1.2.3.4　市场前景及经济效益

进行苦荞米芽茶的开发生产，一方面丰富现有苦荞茶的种类，提升苦荞的综合开发利用价值。另一方面还可以为生产企业带来年利润 100 万 ~ 300 万元的经济效益，有效促进和带动当地的经济和社会发展。

1.2.3.5　联系方式

联系单位：成都大学生物产业学院

通信地址：四川省成都市外东十陵镇

联系电话：028 - 84616038

电子信箱：zhaogang@ cdu. edu. cn

1.2.4　芦笋奶茶的加工技术

1.2.4.1　技术简介

芦笋奶茶是以芦笋粉、红茶粉、植脂末、白砂糖、全脂奶粉、食用二氧化硅为原料，采用专利配方加工而成、具有口感佳、味道美，同时，富含黄酮、皂甙等有效成分，具有提高身体免疫力。预防癌症、高血压、糖尿病等作用。产品营养和生理活性价值高，加工技术工艺简单，易于实现产业化。

1.2.4.2　主要技术指标

芦笋粉加工工艺流程：芦笋→洗净→榨汁→过滤→喷雾干燥→成品。

芦笋奶茶加工工艺流程：芦笋粉、红茶粉、植脂末、白砂糖、全脂奶粉、食用二氧化硅互配→混匀→过筛→包装→成品。

1.2.4.3　投资规模

无。

1.2.4.4　市场前景及经济效益

在国内率先以新鲜芦笋为原料，通过与多种食品原料合理搭配，加工成芦笋奶茶产品，产品开发填补了国内空白，为芦笋的精深加工开辟了新的渠道。

1.2.4.5　联系方式

联系单位：江西省农业科学院农产品加工研究所

通信地址：江西省南昌市青云谱区南莲路 602 号

联系电话：0791 - 87090105

电子信箱：fjx630320@163.com

1.2.5　扁形和针形名优绿茶提质连续化加工生产线

1.2.5.1　技术简介

该技术突破了名优绿茶传统做形工艺无法实现连续化加工的关键瓶颈，通过多项技术的组装整合，实现从采摘鲜叶到成品茶的全套连续化加工。同传统针芽形、扁形名优绿茶加工生产线相比，该生产线不仅可以保证成品茶风味品质的稳定性，提高卫生质量，而且能提升生产效率，节约人力成本。

1.2.5.2　主要技术指标

相比较于传统针芽形、扁形名优绿茶加工生产线，采用本生产线制作的茶叶感官品质显著提升（感官得分高 1 ~ 2 分），品质稳定性增强，卫生质量提高，而且生产效率有效提升，人力成本下降 10% 以上。

1.2.5.3　投资规模

生产线总造价 50 万左右。

所需设备包括：专用摊放设施、滚筒杀青机、微波杀青机、扁形茶单锅炒制机、四锅全自动炒制机（可调式连续理条机）、远红外干燥/远红外提香组合等。

1.2.5.4 市场前景及经济效益

该技术研制的机械设备实现产业化，累计销售 5 万余台，在浙江省内外推广名优绿茶连续化生产线 30 余条，已取得直接经济效益 7.6 亿元，间接经济效益 27.5 亿元。技术成果在浙江省开化、新昌、宁海、武义、嵊州、松阳、缙云、安吉、富阳等名优绿茶主产县广泛推广应用，对提升当地茶叶加工技术水平、茶业发展和茶农增收发挥了重要作用。

1.2.5.5 联系方式

联系单位：中国农业科学院茶叶研究所

通信地址：浙江省杭州市梅灵南路 9 号

联系电话：0571－86650594

电子信箱：192168092@ mail. tricaas. com

1.2.6 高香冷溶速溶茶加工技术

1.2.6.1 技术简介

该技术采用专用原料处理技术、新型逆流提取技术、酶膜联合分离浓缩技术等先进技术，提出一套高品质速溶茶加工技术，解决了速溶茶速溶性差和风味品质不稳定等技术难题，产品真正实现了高香冷溶特征，该成套技术已达到工业化生产水平，可应用于绿茶、红茶、乌龙茶、普洱茶等高品质速溶茶加工。

1.2.6.2 主要技术指标

无。

1.2.6.3 投资规模

根据生产规模而定，总投资额超过 1 000 万元。需要建立专业的速溶茶生产厂房。

1.2.6.4 市场前景及经济效益

技术已在浙江省、广东省等企业应用，取得显著的经济效益，目前已累计经济效益超过 10 亿元，建成多条工业化生产线。通过技术的示范推广，显著提高我国速溶茶加工技术水平及产品质量，降低能耗，提高企业效益和资源附加值。

1.2.6.5　联系方式

联系单位：中国农业科学院茶叶研究所

通信地址：浙江省杭州市梅灵南路 9 号

联系电话：0571－86650031

电子信箱：yinjf@ mail. tricaas. com

1.2.7　高活性茶黄素的产业化加工技术

1.2.7.1　技术简介

高活性茶黄素的产业化加工技术内容主要包含茶叶多酚氧化酶的提取纯化技术、茶多酚酶促氧化和非酶促氧化形成高活性茶黄素技术、儿茶素适宜组成定向形成茶黄素的技术、乙酸乙酯萃取和柱层析精制纯化茶黄素技术及干燥技术等，制备得到酯型茶黄素含量大于 90% 的高活性茶黄素产品，并首次采用柱层析分离方法得到四种主要茶黄素单体成分，纯度均达到 95% 以上。

1.2.7.2　主要技术指标

（1）提出了 1 套以茶多酚为原料，氧化、浓缩、萃取、柱层析纯化、干燥的高活性茶黄素系统制备技术及工艺流程。

（2）建立了 1 条年产 200kg 高活性茶黄素的中试生产线，制备得到了高活性茶黄素产品，其中，4 种主要茶黄素的总含量 >80% ，酯型茶黄素含量 >80% （酯型茶黄素占茶黄素总量的比例）。

1.2.7.3　投资规模

该技术所需造价与流动资产投资预计 1 000 万元。

需要的厂房面积 2 500m^2 ，所需设备及配套设施包括多功能发酵罐、陶

瓷膜过滤设备、多功能有机膜浓缩设备、萃取塔、柱层析分离纯化设备、旋转蒸发浓缩设备、冷冻干燥设备、喷雾干燥设备等。

1.2.7.4 市场前景及经济效益

2006—2007 年，高活性茶黄素系统制备技术在海南群力药业有限公司得到推广应用，累计生产 6t 纯度高、生物活性高的茶黄素产品，显著提高了该公司的经济效益。

1.2.7.5 联系方式

联系单位：中国农业科学院茶叶研究所

通信地址：浙江省杭州市梅灵南路 9 号

联系电话：0571－86650411

电子信箱：jianghy@ mail. tricaas. com

1.2.8 饮料专用绿茶加工技术

1.2.8.1 技术简介

针对普通调味绿茶饮料用原料茶和高档纯绿茶饮料用原料茶的不同要求，通过引入热风杀青、热揉、在制品破碎、远红外提香等新工艺，并同传统优化工艺进行集成、完善，提出了整套的中国绿茶饮料用原料茶加工关键技术。该技术能有效提高茶叶浸泡过程品质成分的溶出速率，延长茶汤风味品质的稳定性。

1.2.8.2 主要技术指标

同传统烘青绿茶相比较，该技术加工的饮料专用绿茶浸出速率可提高35% 以上，所制饮料在相同贮藏条件下感官品质总分下降幅度减少29% 左右；在加工成本方面，由于专用绿茶在做形工序的简略和干燥效率的提高，加工成本较传统绿茶可降低 14% 以上。

1.2.8.3 投资规模

生产线总造价 40 万元左右。所需设备包括：专用摊放设施、高温热风

杀青机（滚筒杀青机）、揉捻机、远红外干燥/远红外提香组合等。

1.2.8.4　市场前景及经济效益

运用本技术已在开化建立了 1 条年生产能力达 150t 的饮料专用茶示范生产线。2008—2010 年期间，示范生产线新增产值 350 万元，新增利税 85 万元。

1.2.8.5　联系方式

联系单位：中国农业科学院茶叶研究所

通信地址：浙江省杭州市梅灵南路 9 号

联系电话：0571 - 86650594

电子信箱：192168092@ mail. tricaas. com

1.2.9　茶叶咖啡因脱除机与低咖啡因茶加工技术

1.2.9.1　技术简介

该项目系浙江省科技厅下达科研项目"低咖啡因茶加工关键技术及其设备研究（计划编号 991101163）"主要内容，历经 3 年的研究，提出了适于低咖啡因绿茶加工的网板式热水浸渍咖啡因脱除原理，并在此基础上设计出同时可完成咖啡因脱除和杀青的茶叶咖啡因脱除机。该机主要由浸渍槽、链条网板、动力传动系统、加热装置、热水供应系统和冷却装置等组成。新颖的原理、合理的设计，使机器具有结构简单、浸渍均匀、调节方便、运行平稳，节水节能、工作连续、操作方便等特点。

1.2.9.2　主要技术指标

热水浸渍叶经过离心脱水、热风脱水、揉捻、干燥等工艺技术处理后，可生产出外形、色泽、滋味、香气、叶底均具有中国绿茶风格特点的低咖啡因绿茶。

1.2.9.3　投资规模

示范生产线需要投资 60 万元。适合中小型茶叶加工厂推广。

1.2.9.4　市场前景及经济效益

填补了国内外低咖啡因绿茶加工技术的空白，成果整体水平属国内领先，该成果在浙江省、江苏省转让多家企业经济效显著。

1.2.9.5　联系方式

联系单位：中国农业科学院茶叶研究所

通信地址：浙江省杭州市梅灵南路 9 号

联系电话：0571 - 86650892

电子信箱：yeyang@ mail. tricaas. com

1.2.10　活性西洋参保健饮料和活性西洋参保健果茶

1.2.10.1　技术简介

活性西洋参保健饮料和活性西洋参保健果茶，项目为国家授权发明专利，符合吉林省人参进入食品产业政策，科技含量高，适宜大规模产业化开发。项目主要内容：组建年深加工 1 000t 西洋参专利产品项目。

1.2.10.2　主要技术指标

项目具有自主知识产权，项目将在吉林人参研究院国家农业部人参产品研究开发分中心的技术支持下实施。项目将与大中型实力企业（集团）合作，以人参分中心为技术依托，实现人参产品的大规模工业化生产。

1.2.10.3　投资规模

项目总体目标：一期投资 1 亿元，达产后实现产值 10 亿元，利税 1.8 亿元。二期工程扩大到年加工人参和西洋参 1 万 t，产值 100 亿元，实现拥有知识产权的科研成果产业化，完成二项西洋参产品生产工艺研究的产业化生产。

1.2.10.4　市场前景及经济效益

该项目达产后将实现产值 10 亿元，上缴利税 1.8 亿元；二期工程实现产值 100 亿元，上缴利税 18 亿元。

1.2.10.5　联系方式

联系单位：吉林人参研究院

通信地址：吉林省通化市龙泉路 666 号（134001）

联系电话：0435-3269801

电子信箱：rsjgfzx@163.com

1.2.11　茶叶功能成分绿色高效提制新技术推广

1.2.11.1　技术简介

提高茶叶产品附加值为目标，瞄准茶叶功能成分的提取利用，结合茶叶的特点，创立了降低茶叶农残和重金属含量技术、工业化规模柱色谱法生产高纯度脱咖啡因儿茶素、儿茶素单体 EGCG 的工业化规模生产技术、天然 L-茶氨酸的柱色谱分离技术、高香冷溶型速溶茶加工技术、膜法调控茶提取物中儿茶素配比的新技术、儿茶素中乙酸乙酯溶剂残留高效去除技术等 10 多项在国际、国内领先的新技术，整个生产工艺过程高效、环保、绿色无污染，实现茶叶的高效绿色高附加值开发利用。

1.2.11.2　主要技术指标

项目产业化推广后，正常年可每年消化茶叶 10 550t，年产高纯无酯儿茶素、天然 L-茶氨酸、儿茶素单体 EGCG、高品质饮料级速溶茶和高香冷溶型速溶茶等茶叶功能成分提取物 900t，实现年产值 28 800 万元，每年带动农户增收 1 000 元/户。

1.2.11.3　投资规模

示范生产线造价 650 万元。需要配备厂房、仓库等基本设施 2 000m²。

1.2.11.4　市场前景及经济效益

项目通过采用自主研发的先进生产工艺技术，推动茶叶精深加工向规模化、标准化、产业化方向发展，将特色茶叶资源优势向产业优势和经济优势转化，将有效提高茶叶产品综合利用率和产品附加值，提升产品在国内外市场的竞争力和影响力，促进传统农业向现代农业、创汇农业、高效农业的转化。项目产业化推广后，每年可消耗茶叶（中、低档）10 000t 以上，将很大程度地解决中、低档茶叶"卖难"的问题，对于增加农民收入、促进农村经济结构调整，建设社会主义新农村具有深远的影响。

1.2.11.5　联系方式

联系单位：湖南农业大学；湖南省茶业公司

通信地址：湖南省长沙市解放路 378 号湘茶大厦

联系电话：0731 - 84444396

电子信箱：xiangtea@163.com

1.2.12　苦荞保健茶及其制备方法

1.2.12.1　技术简介

以生物黄酮含量高的苦荞籽及具有同样价值而常被废弃的苦荞叶片为原料的新配方所开发的苦荞保健茶，该保健茶经糊化成形、烘干切段、烘烤、翻炒定型等各步骤制成。该发明产品黄酮含量高、耐冲泡，冲泡后色泽青翠、香气清馨、茶汤澄清、口感好，是一种非常适合预防和治疗高血糖、高血压、高血脂等疾病的食疗保健饮品。制作中除去了影响口味的麦壳部分，确保了苦荞麦的纯天然品质，同时变废为宝，提高了苦荞麦的经济价值。

1.2.12.2　主要技术指标

建成年加工能力 50 000kg 以上的苦荞保健茶加工生产线，年总产值达到 1 000 万元。

1.2.12.3　投资规模

前期投入约 800 万 ~ 1 000 万元，主要用于厂房建设、加工设备的购买及相关配套设施的完善。需要建立苦荞麦保健茶等相关制品生产加工厂房一套（1 500 ~ 2 000m²），购置用于苦荞麦保健茶生产加工的相关设备如：脱壳机、去石机、超微粉碎机、色选机、蒸煮锅、切丝机、隧道式烘干机、

炒米机、包装机等，以及质量控制及品质分析等相关配套设施。

1.2.12.4 市场前景及经济效益

通过该技术成果的转化的实施，建立苦荞保健茶加工生产线，实现年加工生产总值达到 1 000 万元，年利润在 500 万元以上，并有效提升苦荞麦生产加工水平，进而带动当地种植户的经济收入。

1.2.12.5 联系方式

联系单位：成都大学

通信地址：四川省成都市外东十陵镇

联系电话：028－84616628

电子信箱：zhaogang@cdu.edu.cn

1.2.13 抹茶食品加工关键技术研究与应用

1.2.13.1 技术简介

项目针对常温流通抹茶食品存在抹茶粉性能不稳定、色泽均匀度较差、绿色保持时间较短等瓶颈问题，进行关键控制点机理的创新研究，通过产品配方和适度控制棕黄色反应的加工工艺技术优化，获得了常温流通抹茶食品保绿关键技术及绿色色泽评判方法，项目总体学术水平处于国内领先。项目研发的常温流通抹茶食品色泽均匀，常温流通下绿色保持时间超过 3 个月以上；研发出绿茶酥、抹茶花生、绿茶泡米酥等产品加工工艺，制订了产品企业标准，获授权发明专利一项，有力提高了企业的科技创新能力，对进一步实施茶产业化运作起到了积极的示范作用。

1.2.13.2 主要技术指标

项目示范推广产量 7 080t，年均产值 5 680 万元，年均利润 885 万元。

项目解决了抹茶食品加工技术瓶颈问题，其抹茶食品产品配方、适度控制棕黄色反应的焙烤工艺关键技术和产品绿色色泽评判方法等整体技术成果应用于安徽天方茶业（集团）有限公司生产 3 年以来，获得了良好效果。

生产的抹茶酥性饼干产品色泽均匀，常温流通下绿色保持时间超过 3 个月以上，制订了绿茶酥、抹茶花生、绿茶泡米酥等产品企业标准。

1.2.13.3　投资规模

加工设备等投资约 1 000 万元。

1 000 m² 生产车间，200t 恒温、低温库；球磨机、焙烤产品配套生产线、茶叶色度测试仪、喷码设备等。

1.2.13.4　市场前景及经济效益

示范推广产量 7 080t，年均产值 5 680 万元，年均利润 885 万元。

1.2.13.5　联系方式

联系单位：安徽省农业科学院农产品加工研究所

通信地址：安徽省合肥市农科南路 40 号

联系电话：0551－5160651

电子信箱：ahncpjg@163.com

1.2.14　茉莉花茶饼的制作方法

1.2.14.1　技术简介

该发明提供了一种茉莉花茶饼的制作方法，所述方法包括以下步骤：茶叶采摘、采青、摊放、杀青、揉捻、烘青干燥、冷却、鲜花养护、茶花拌和、通花散热、起花、压制成饼。该发明的茉莉花茶饼的制作方法弥补了原有茶叶香气较清淡、滋味较淡薄等不足，制作出来的茶饼不仅外形美观、松紧度适中、撬动容易，便于储存和携带，而且制作过程中充分吸附茉莉花香，使其香气更加浓纯馥郁，回味甘甜。

1.2.14.2　主要技术指标

实现色、香、味、型的绝佳体现，制成茶饼后，不仅外形美观、松紧度适中、撬动容易，便于储存和携带，集观赏、保健、收藏为一体，其独特的香气具有镇静作用。

1.2.14.3　投资规模

造价低，投资少，效益高。需要制作茉莉花茶的相关设备如筛花机、烘干机等相关配套设施。

1.2.14.4　市场前景及经济效益

该发明将食用、保健、养生类的茉莉花与福鼎大白茶融合，将茉莉花和福鼎大白茶的功效相结合，实现色、香、味、型的绝佳体现，集观赏、保健、收藏为一体，其独特的香气具有镇静作用，能使人提高学习工作效率。该发明的制作方法使其香气更加浓纯馥郁，茶气清幽浓郁，回味甘甜，深受消费者喜爱，具有显著的经济效益。

1.2.14.5　联系方式

联系单位：福建春伦茶业集团有限公司

通信地址：福建省福州市仓山区城门城山路84号

联系电话：0591-83495066

电子信箱：376607793@qq.com

1.2.15　系列茶食品加工技术

1.2.15.1　技术简介

茶叶作为全世界三大品牌饮料之一，以其抗氧化、抗突变、抗衰落等诸多显著功能与效用，越来越受到全世界人们的关注和喜爱。我国是世界上茶叶生产加工与出口的大国，已有几千年的茶文化历史；茶叶资源丰富，每年产茶数亿吨；且品种繁多、各具特色、风味独特，其中相当一部分远销海内外；是我国出口贸易产品中的重要组成部分。

1.2.15.2　主要技术指标

该项目主要是用于茶饮料、茶酒、茶面点的深加工应用技术。

1.2.15.3　投资规模

无。

1.2.15.4　市场前景及经济效益

　　传统的食茶方式主要是冲泡饮用。该项目技术是将茶元素融入到食品中，将茶叶功用和文化与消费者的一日三餐联系起来，对延伸茶叶深加工、丰富茶文化内容和促进消费者的身体健康等，均具有积极地促进作用和研究价值；经济效益和社会效益显著。该项目主要是用于茶饮料、茶酒、茶面点的深加工应用技术，可积极延伸茶产业加工的产业链条，增加茶产业的附加值等；市场潜力大，前景广阔。

1.2.15.5　联系方式

　　联系单位：信阳农林学院

　　通信地址：河南省信阳市平桥区北环路 1 号

　　联系电话：0376 - 6687627

　　电子信箱：xynlrsc@163.com

1.2.16　保健型灵芝速溶茶的加工技术

1.2.16.1　技术简介

　　灵芝自古以来就被认为是吉祥、富贵、美好、长寿的象征，有"仙草""瑞草"之称，中华传统医学长期以来一直视为滋补强壮、固本扶正的珍贵中草药。古今药理与临床研究均证明，灵芝确有防病治病、延年益寿之功效。东汉时期的《神农本草经》、明代著名医药学家李时珍的《本草纲目》，都对灵芝的功效有详细的极为肯定的记载。现代药理学与临床实践进一步证实了灵芝的药理作用，享有"延年益寿""疏络提神，增智健脑""保肝护肝"之美誉。

　　科学研究表明，灵芝的药理成分非常丰富，其中，有效成分可分为十大类，包括灵芝多糖、灵芝多肽、三萜类、16 种氨基酸（其中，含有 7 种人体必需氨基酸）、蛋白质、甾类、甘露醇、香豆精苷、生物碱、有机酸（主含延胡索酸），以及微量元素 Ge、P、Fe、Ca、Mn、Zn 等。灵芝对人体具有双向调节作用，所治病种，涉及心脑血管、消化、神经、内分泌、呼

吸、运动等各个系统，尤其对肿瘤、肝脏病变、失眠以及衰老的防治作用十分显著。现在，灵芝作为药物已正式被国家药典收载，同时它又是国家批准的新资源食品，可以药食两用。

该技术以赤灵芝子实体、干枸杞、大枣和相关辅料，通过先将赤灵芝子实体、干枸杞、大枣粉碎，煎煮熬制成灵芝复合浸膏，再将该灵芝复合浸膏与苦味掩蔽剂等辅料混合，经微波干燥和灭菌而成。

1.2.16.2　主要技术指标

该产品是采用无公害栽培灵芝为主要原料，辅助添加优质枸杞子、大枣等原料，经炮制提取、浓缩干燥、微波杀菌等多道现代工艺精制而成的天然健康饮品。本技术最大保持了灵芝的有效成分，其工艺简洁易操作，投资少成本低，产品口感风味独特，溶解性好成分易吸收利用，适宜作为一种保健型茶饮品。

1.2.16.3　投资规模

无。

1.2.16.4　市场前景及经济效益

对高血脂病患者，灵芝可明显降低血胆固醇、脂蛋白和甘油三酯，并能预防动脉粥样硬化斑块的形成。对于粥样硬化斑块已经形成者，则有降低动脉壁胆固醇含量、软化血管、防止进一步损伤的作用。并可改善局部微循环，阻止血小板聚集。这些功效对于多种类型的中风有良好的防治作用。

该技术具体涉及一种灵芝速溶茶的制备，属于固体饮料生产技术领域。产品中含灵芝、枸杞子、大枣的生物活性物质，还含有氨基酸、多肽、蛋白质等多种营养成份。长期饮用，对身体有良好的强身健脑，增强免疫力，抗衰老，抗失眠等调理功效。通过我们的不断努力和技术创新，为人类健康的事业做出贡献。

1.2.16.5　联系方式

联系单位：信阳农林学院

通信地址：河南省信阳市平桥区北环路 1 号

联系电话：0376 – 6687627

电子信箱：xynlrsc@ 163. com

1.2.17 超微绿茶粉加工新技术及应用

1.2.17.1 技术简介

首次提出了适制超微绿茶粉的鲜叶原料要求，建立了超微绿茶粉中试生产线，生产成本低，产品质量稳定，工艺技术成熟，可适用工业化生产。

1.2.17.2 主要技术指标

筛选出 2 种超微绿茶粉加工的护绿剂及其应用技术，开发了由蒸汽杀青、微波干燥和脱茎梗技术组合的超微绿茶粉加工工艺，使产品颗粒度达 300 目以上，叶绿素含量 0.54%，实现了叶绿素保留率达 70.7% 的高保留率。

1.2.17.3 投资规模

无。

1.2.17.4 市场前景及经济效益

该项技术为我国茶叶原料的利用找到了一条新途径，在同类研究中居国际先进水平，已在浙江省、江苏省进行较好的应用与推广。

1.2.17.5 联系方式

联系单位：中国农业科学院茶叶研究所

通信地址：浙江省杭州市梅灵南路 9 号

联系电话：0571 – 86650892

电子信箱：fengchunhong@ mail. tricaas. com

1.2.18 高效茶叶脱氧保鲜剂的研制及其在名优茶保鲜中的应用

1.2.18.1 技术简介

首次揭示出在控制干茶水分含量低于 5% 的条件下，名优茶低温冷藏

（0～10℃）的时间不宜超过半年，否则应该采用冷冻贮藏方式进行名优绿茶的保鲜，这为生产上合理选择名优茶的保鲜技术提供了重要的理论依据。率先开展脱氧保鲜剂对不同形态名优绿茶保鲜效果的研究，揭示出名优茶形态的差异对贮藏品质的影响较大，这为进一步探索研究专用于不同形态的名茶保鲜剂的开发提供了依据。同时，还首次揭示出茶叶包装袋普遍存在质地不均一、密闭性较差的现象，这不仅为茶厂包装的选择提供参考，还为质量监督部门提出了新的监督要求。

1.2.18.2 主要技术指标

研制出一种高效茶叶脱氧保鲜剂，保鲜剂比较适宜的配比为 $Fe:SiO_2:$ 复合物 $A:Na_2CO_3 \cdot 10H_2O = 1:0.1:1.1:0.19$，其脱氧效果居同类产品的上等水平。在国内首次系统、全面、深入地研究水分、温度、氧气和光线等贮藏条件对名优茶保鲜效果的影响，揭示出影响名优绿茶品质的最重要的因素是温度和茶叶的含水量，其次是氧气状况。

1.2.18.3 投资规模

无。

1.2.18.4 市场前景及经济效益

研制的茶叶脱氧保鲜剂能够有效阻止贮藏过程品质的变化，提高名茶的效益，生产上可以大力推广使用。

1.2.18.5 联系方式

联系单位：华中农业大学

通信地址：湖北省武汉市狮子山街 1 号

联系电话：027 - 87280781

电子信箱：nidj@ mail. hzau. edu. cn

1.2.19 保健金花菌茶发酵及系列产品开发技术

1.2.19.1 技术简介

该成果是直接利用茶树鲜叶（夏秋茶树鲜叶，无嫩度要求），以从茶源筛选获得的特殊微生物——金花菌进行接种发酵，获得具有降脂减肥功能的金花菌茶。我们已拥有了金花菌茶发酵技术、系列产品调配技术以及专用微生物菌种，已申报发明专利。

1.2.19.2　主要技术指标

专利技术（国家发明专利申请号：201210162455.4；20121062197.X）。

1.2.19.3　投资规模

无。

1.2.19.4　市场前景及经济效益

金花菌茶为一种具有降脂减肥功能、纯天然全发酵的功能风味饮品，具有天然花果香、浓郁宜人，回味好，产品特色显著，生产成本低廉。①功能型风味饮料前景广阔。随着大家对健康的重视与追求，大家更加喜爱纯天然的功能饮料。肥胖患者已是一个很大的人群，加上女性追求苗条美，减肥市场非常巨大。茶本身就是功能型健康饮料，用茶开发生产降脂减肥型茶饮料，无疑更具有特色，市场前景广阔。②茶树鲜叶资源丰富，价格低廉。中国是产茶大国，茶园栽植面积全球第一。然而占全年茶园产量达60%的夏秋茶，几乎很少被加工利用，造成大量茶资源的浪费。利用夏秋茶开发降脂减肥型茶饮料，资源丰富，成本低廉。

1.2.19.5　联系方式

联系单位：华中农业大学

通信地址：湖北省武汉市狮子山街1号

联系电话：027－87280781

电子信箱：youyi@mail.hzau.edu.cn

1.2.20　茶醋饮料发酵及系列产品开发技术

1.2.20.1　技术简介

该成果是直接利用茶树鲜叶（夏秋茶树鲜叶，无嫩度要求），经处理后榨汁，取茶汁液接种微生物进行发酵。发酵好的茶醋经调配，可以开发出系列风味的茶醋饮料产品。我们已拥有了茶醋饮料发酵技术和系列风味产品调配技术，并已申报相关发明专利。

1.2.20.2 主要技术指标

专利技术（国家发明专利申请号：201210162462.4）。

1.2.20.3 投资规模

无。

1.2.20.4 市场前景及经济效益

茶醋为一种富含醋酸等多种有机酸、纯天然全发酵型的功能风味饮料。纯茶醋色泽浅绿黄、清澈透明，醋香浓郁，入口酸味强，回味好，茶味明显。涉及茶醋的研究文献十分，市面上未见有相关的茶醋产品。本技术的茶醋是直接利用茶树鲜叶汁液，通过特定的微生物进行发酵而成，产品特色显著，生产成本低廉。①功能型风味饮料前景广阔。随着大家对健康的重视与追求，大家更加喜爱纯天然的功能饮料。因醋对健康非常有益，近些年各类醋饮料发展非常迅速，得到了广大消费者的喜爱，成为饮料产品中发展非常迅速的产品之一。茶本身就是功能型健康饮料，用茶开发生产茶醋，无疑更具有特色。②茶树鲜叶资源丰富，价格低廉。中国是产茶大国，茶园栽植面积全球第一。然而占全年茶园产量达60%的夏秋茶，几乎很少被加工利用，造成大量茶资源的浪费。利用夏秋茶开发茶醋，资源丰富，成本低廉。③国家极力鼓励发展农产品深加工。当前国家大力鼓励发展农产品深加工，提高农业效益，促进农民增产增收，并带动新农村建设。直接利用茶树鲜叶开展茶酒生产开发，符合国家惠农政策，可以享受到各种税收、贷款的优惠政策以及各种项目扶持。

1.2.20.5 联系方式

联系单位：华中农业大学

通信地址：湖北省武汉市狮子山街1号

联系电话：027－87280781

电子信箱：youyi@ mail. hzau. edu. cn

1.2.21　茶乳酸饮料发酵及系列产品开发技术

1.2.21.1　技术简介

该成果是直接利用茶树鲜叶（夏秋茶树鲜叶，无嫩度要求），经处理后榨汁，取茶汁液接种微生物进行发酵。发酵好的茶乳酸饮料经调配，可以开发出系列风味的茶乳酸饮料产品。我们已拥有了茶乳酸饮料发酵技术和系列产品调配技术，并已申报相关发明专利。

1.2.21.2　主要技术指标

专利技术（国家发明专利申请号：201210162752.9）。

1.2.21.3　投资规模

无。

1.2.21.4　市场前景及经济效益

茶乳酸饮料为一种富含乳酸等多种有机酸、纯天然全发酵型的功能风味饮料。纯茶乳酸饮料色泽红艳、清澈透明，酸味浓郁宜人，入口酸味强，回味好，茶味明显。①与已有茶乳酸饮料生产技术的区别。涉及茶乳酸饮料的研究文献十分少，市面上未见有相关的茶乳酸饮料产品。本技术的茶乳酸饮料是直接利用茶树鲜叶汁液，通过特定的微生物进行发酵而成，产品特色显著，生产成本低廉。②功能型风味饮料前景广阔。随着大家对健康的重视与追求，大家更加喜爱纯天然的功能饮料。乳酸对健康非常有益，传统生产的酸奶等许多富含乳酸和乳酸菌的产品一直深受广大消费者的喜爱。茶本身就是功能型健康饮料，用茶开发生产茶乳酸饮料，无疑更具有特色。③茶树鲜叶资源丰富，价格低廉。中国是产茶大国，茶园栽植面积全球第一。然而占全年茶园产量达60%的夏秋茶，几乎很少被加工利用，造成大量茶资源的浪费。利用夏秋茶开发茶酒，资源丰富，成本低廉。

1.2.21.5　联系方式

联系单位：华中农业大学

通信地址：湖北省武汉市狮子山街 1 号

联系电话：027 - 87280781

电子信箱：youyi@ mail. hzau. edu. cn

1.2.22　竹叶茶加工及系列产品开发技术

1.2.22.1　技术简介

该成果是利用毛竹、小山竹等的竹叶为原料，利用特殊工序进行加工，制备出绿茶型竹叶茶，具有清香浓郁、滋味甘甜的优异品质。

1.2.22.2　主要技术指标

拥有成熟的竹叶茶加工技术，并利用竹叶茶为原料可以开发出多种调配茶。

1.2.22.3　投资规模

无。

1.2.22.4　市场前景及经济效益

竹叶具有多种保健功效，一直在民间具有悠久的开发利用历史。竹叶资源在我国非常丰富，但绝大多数未能得到开发利用。以竹叶为原料，可以开发出特色养生佳品，同时可以促进林业资源的充分开发利用。

1.2.22.5　联系方式

联系单位：华中农业大学

通信地址：湖北省武汉市狮子山街 1 号

联系电话：027 - 87280781

电子信箱：youyi@ mail. hzau. edu. cn

1.2.23　茶叶新品种绿针茶、绒球茶

1.2.23.1　技术简介

对绿针茶和绒球茶加工过程主要品质成分的动态变化作了系统的深入研究，探明了名优茶加工过程茶多酚、氨基酸、可溶性糖、香气成分以及叶绿素组成的变化规律，为制定先进合理的名优茶加工工艺和技术参数提供了理论依据。确定了绿针茶和绒球茶加工工艺流程和主要工艺指标。

1.2.23.2　主要技术指标

绿针茶的工艺为：鲜叶→摊放→杀青→揉捻→初干→做形→干燥→增香。绒球茶的工艺为：鲜叶→杀青→揉捻→初干→搓团做形→干燥。所制绿针茶和绒球茶品质有特色。绿针茶特征为：条索紧细圆直，芽叶分开成针状，色泽翠绿，香气花香高，持久，滋味浓纯爽口，汤色绿明，叶底嫩匀；绒球茶：条索紧细，卷曲成球状，白毫显露，色泽绿润，香气嫩香高长，滋味鲜醇，汤色嫩绿明亮，叶底匀嫩绿明。

该研究提出了绿针茶和绒球茶加工技术操作规程和产品企业标准。研制的绿针茶获 1993 年、1995 年湖北省名优茶评比特等奖和一等奖，1994 年获"中茶杯"名优茶评比二等奖，1995 年获"第二届中国农业博览会金质奖"；绒球茶获 1994 年和 1995 年湖北省名优茶评比优质奖。

1.2.23.3　投资规模

无。

1.2.23.4　市场前景及经济效益

在国内首先研制成功针形名茶自动控温整形操作台，改变了过去针形茶做形只能靠经验掌握温度的状况。操作台具有设备功率、温度可调，控温精度高，结构简单、合理、能耗低、效率高的特点，极大地提高了名优茶品质。此外，该整形台还可满足条形茶做形和其他名茶干燥工艺要求，应用范围较广。

1994—1995 年该成果在湖北省部分茶叶主产区推广应用，制作的绿针茶和绒球茶的销售价格比其他名优茶高 50% 以上（据宣恩县晓关供销社材料，生产的绿针和绒球茶均价 240 元/kg）。截至 1996 年 5 月 10 日，该成果在宣恩县万寨、桐子营、晓关、珠山和长滩等区镇推广应用，累计生产绿针、绒球茶 1 613 kg，新增产值达 92 万元。

1.2.23.5　联系方式

联系单位：华中农业大学

通信地址：湖北省武汉市狮子山街 1 号

联系电话：027－87280781

电子信箱：nidj@ mail. hzau. edu. cn

1.2.24　荷叶茶加工技术与产品开发

1.2.24.1　技术简介

该成果对荷叶进行初加工、再加工、深加工三级研究开发，获得了绿茶型、黑茶型两大类荷叶茶加工技术以及加工设备配套关键技术，调配出减肥型、消暑型、老年型 3 种荷叶调配茶，并获得原味型和甜味型两种荷叶茶饮料生产工艺技术。

1.2.24.2　主要技术指标

鉴定成果〔鄂科鉴字（2011）第 03209 号〕。

1.2.24.3　投资规模

无。

1.2.24.4　市场前景及经济效益

荷叶在我国有着几千年的食用和药用历史，并被我国卫生部列为药食两用原料。荷叶具有显著的减肥功效，也是夏季解暑的天然饮品，具有多种显著保健功效。而目前我国荷叶资源仅少量得到利用，造成绝大多数荷叶资源被白白浪费。我国荷叶资源非常丰富，开发利用前景广阔。

1.2.24.5 联系方式

联系单位：华中农业大学

通信地址：湖北省武汉市狮子山街 1 号

联系电话：027 - 87280781

电子信箱：youyi@ mail. hzau. edu. cn

1.2.25 名优杜仲绿茶加工及产品开发

1.2.25.1 技术简介

该成果系统地开展了杜仲绿茶加工工艺技术研究，探明了杜仲绿茶在不同加工工艺过程中的品质变化机理，优化了鲜叶预处理、杀青、做形、干燥等关键工艺参数；以研制的杜仲绿茶为主材料，调配出 3 种特色杜仲复合茶新产品。

1.2.25.2 主要技术指标

鉴定成果〔鄂科鉴字（2011）第 03207 号〕。

1.2.25.3 投资规模

湖北省以及全国栽植有大量杜仲经济林，受杜仲皮售价低等影响，杜仲林未能发挥出应有的经济效益。杜仲叶量产量巨大，具有与杜仲皮相同的保健功效。随着人们生活水平的提高，人们更加追求健康、天然与保健，开发天然保健食品成为食品开发的主流。开发杜仲叶茶，将为杜仲经济林的开发利用提供有效途径，实现综合开发利用杜仲资源，增添茶产品种类，满足人们的保健需求，提高杜仲经济林的经济效益与社会效益。

1.2.25.4 市场前景及经济效益

无。

1.2.25.5 联系方式

联系单位：华中农业大学

通信地址：湖北省武汉市狮子山街 1 号

联系电话：027 - 87280781

电子信箱：youyi@ mail. hzau. edu. cn

1.2.26 酸茶发酵技术与产品开发

1.2.26.1 技术简介

该成果以夏秋鲜叶为原料，利用厌氧发酵制备出新型微生物发酵茶产品，富含多种对人体健康有益的生物有机酸，风味独特，是养生饮用的佳品。制备的酸茶可以散茶形式直接销售，还可以研制成各种形状的产品，并且可以制备成不同风味直接食用。

1.2.26.2 主要技术指标

鉴定成果〔鄂科鉴字（2011）第 03208 号〕。

1.2.26.3 投资规模

无。

1.2.26.4 市场前景及经济效益

酸茶在中国、日本、泰国、缅甸等国均有生产，但除缅甸、日本有产品销售外，其他国家基本是自产自销。我国少数民族具有制备和食用酸茶的悠久历史，但至今无产品销售。同时我国大量夏秋茶树鲜叶未得到开利用，利用其开发生产酸茶，原料将丰富、价格低廉，开发前景广阔。

1.2.26.5 联系方式

联系单位：华中农业大学

通信地址：湖北省武汉市狮子山街 1 号

联系电话：027 - 87280781

电子信箱：youyi@ mail. hzau. edu. cn

1.2.27　蜂蜜奶茶固体饮料的生产新工艺

1.2.27.1　技术简介

　　该生产工艺是在提供一种生产固体蜂蜜粉末的基础上，开发出的一种色、香、味良好，营养丰富，生产工艺简单，携带保存方便的蜂蜜奶茶固体饮料。

1.2.27.2　主要技术指标

　　该工艺生产的蜂蜜奶茶固体饮料包括蜂蜜粉包和奶茶粉包，均为均匀粉体，以 100ml 水作为溶剂冲饮所得饮料色泽白中透绿，甜度适中，兼有奶香、茶香和蜂蜜香味。

1.2.27.3　投资规模

　　无。

1.2.27.4　市场前景及经济效益

　　茶叶是一种良好的天然饮品，具有抗氧化、抗肿瘤、抗龋齿、抑菌等多种保健和药理作用，牛奶也是一种营养丰富的食品。奶茶既具有牛奶的营养，又具有茶叶的保健功能，是一种深受广大消费者喜爱的饮料。蜂蜜是一种极好的具有保健作用的滋补营养食品，同时作为食品添加剂在如焙烤、糖果、果冻、冰淇淋等多种食品加工中使用。将蜂蜜添加到奶茶中，不仅可以增进奶茶的风味，同时可以提高奶茶的营养价值和保健作用，因此，开发蜂蜜奶茶固体饮料将具有潜在的发展前景。但目前蜂蜜主要以液态的形式销售和使用，贮藏和运输、使用极为不便，极大的限制了蜂蜜在食品工业中的应用，因此制备溶解性和分散性良好的蜂蜜粉将具有重要意义。

1.2.27.5　联系方式

　　联系单位：华中农业大学

　　通信地址：湖北省武汉市狮子山街 1 号

　　联系电话：027 – 87282111

　　电子信箱：yszhen@ mail. hzau. edu. cn

2 其他特色农产品加工技术

2.1 概述

2.1.1 原料及生产情况

我国是世界上中药材资源最为丰富、产量最大的国家之一，随着我国对中药现代化建设步伐的加快，中药材种植已被各界关注，国际国内对中药材科学医疗重视和认识的提高，中医药在临床中表现杰出，现代中药的兴起无疑给我国中药材种植业带来新的发展，中药材在国际市场上的需求量急剧上升。目前，世界植物药年交易额超过 200 亿美元，并以 30% 年速度递增。在国内中药作为传统医疗保健用品，在医药消费中占有重要地位。我国对中药材的需求量也以 10% 以上年速度递增。因此，国内外中药材市场前景十分广阔，中药材的生产受到了高度重视，取得了长足发展。

我国自 1957 年开始对供应紧缺的中药材进行人工种养试验以来，经过 40 多年的努力，取得了显著成绩，目前已经获得人工种养成功的中药材 500 多种，所提供的商品量占药用总量的 70% 左右，一些药用量大的品种如茯苓、白术、白芍、党参、桔梗、黄芪、天麻、杜仲、黄柏、厚朴、山茱萸、黄连、生地、山药、红花、菊花、当归、牛膝、三七、枸杞、白芷、栀子、枳壳、枣仁、玄参、连翘、泽泻、丹皮、川芎、麦冬、元胡、附子、云木香、鹿茸、牛黄等，基本上全是人工种养的，这对满足患者的药用需求和促进我国中医药事业的发展做出了重要的贡献。中药材的人工栽培化已是大势所趋。

目前，各地政府相继出台大力支持中药材种植的政策，鼓励药农积极种植中药材。随着各地抓住我国西部大开发、退耕还林和农业结构战略性调整的机遇，以市场为导向，加大中药材生产布局调整的力度。许多药材主产省，因地制宜地制定了中药材产业发展规划，进一步明确了中药材产业发展重点。贵州省、四川省、陕西省、河北省、山西省等中药材主产区还制订了当地的优势中药材发展规划，逐步形成了一批大的中药材优势和特色产区。各地将中药材种植与当地的地理环境、民族传统、种植习惯相结合，形成了具有鲜明特色的北药、南药、浙药、川药、云药等各具特色的药材格局。近年来中药材生产的规模化、规范化和产业化经营水平也得到显著提高，中药材行业呈现出健康、快速的发展势头。

目前，中国的中药材种植面积约 140 万 hm^3（2 100 万亩）（不含林下种植面积），常用品种的种植基地有 430 个，年产量接近 900 万 t。全国中药材成规模种植地块、基地超过 5 000 个，其中，连片规模超过 66.67hm^2（1 000 亩）的基地有 120 多家，且多集中于西部地域广阔地带。中药材交易市场具有极高的资源属性，现代信息化手段的发展催生了众多新的中药材流通模式，如连锁经营、网上交易、期货交易等新业态，全国中药材核心产地供货商 800 余家，全国 70% 以上的中药材购销都集中在 17 个中药材专业市场。2015 年，全国规模以上中药饮片加工与中成药生产企业数量为 2 602 家，占规模以上农产品加工业企业数量的 3.3%；累计完成主营业务收入 7 867.3 亿元，同比增长 7.1%；累计实现利润总额 792.4 亿元，同比增长 12.5%。

2.1.2 加工技术发展趋势

中草药以标本兼治的独特理念和功效而被我国人民广泛接受。但是在全世界都推崇植物药疗的今天，我国的天然植物药产品只占到 3% 的世界市场份额，并且有限的份额中绝大部分还是初级药产。发展中草药产品深加工已经成为研究重点。由于中药成分十分复杂且很多贵重活性成分含量很低，为微量甚至痕量，因此，活性成分的提取和分离纯化是开发中的关键工序。但是传统的提取分离方法（如煎煮法等）存在活性成分提取率不高、杂质清除率低等问题，这些根本问题制约了中药开发的进程。近些年来，一些新的技术，如超声波萃取，超临界流体萃取，超声波—微波协同萃取以及微波辅助提取等技术具有产率高、纯度高、提取速度快等优点，目前被广泛应用于中药活性成分的提取过程中。

2.2 中药材加工实用技术及装备

2.2.1 人参、五味子等大宗药材炮制新工艺及系列功能产品开发

2.2.1.1 技术简介

项目生产工艺成熟。通过筛选人参炮制、加工技术参数，优化出更高效、节能的人参炮制工艺，加工出的吉林红参系列无论在内在品质还是外观及口感上都与韩国高丽参同级。

已开发出吉林红参、红参正果、正果切片、红参浸膏、红参冲剂、红参茶和人参蜜 7 种人参系列炮制产品；开发出的五味子安神软胶囊、黄芪保肝软胶囊等功能产品已申请国家专利。

2.2.1.2 主要技术指标

突出人参等长白山道地药材的资源优势和产业特色，从多层次开展人参、五味子等大宗中药材的加工、有效成分提取和特色产品开发等内容的研究，提出长白山区大宗植物药材加工转化的整体解决方案，为以人参为代表的中药材产业的快速发展提供科技支撑，促进长白山道地药材的转化增值。

2.2.1.3 投资规模

足够的流动资金。①中药 GMP 生产车间；②人参 GAP 基地；③熟悉中药炮制的技术人员。

2.2.1.4 市场前景及经济效益

目前，韩国高端人参制品价格是我国人参制品的 16 倍，通过该项目推广可缩小中韩两国人参制品价格差距，使我国人参制品升级、升值。

2.2.1.5 联系方式

联系单位：中国农业科学院特产研究所

通信地址：吉林省吉林市昌邑区左家镇鹿鸣大街 15 号（132109）

联系电话：0432 – 66513091

电子信箱：yingpingw@ 126.com

2.2.2 冬虫夏草液体深层发酵技术及产品开发

2.2.2.1 技术简介

冬虫夏草是传统的中草药和保健品，深受人们的偏爱。冬虫夏草具有多种药理活性和功能。包括治疗肾衰竭、肿瘤和抗疲劳。虫草多糖具有抗氧化作用，核苷具有抑制血小板凝聚作用，甾醇类物质具有抗肿瘤作用。由于天然冬虫夏草产区局限、产量稀少，天然虫草供不应求，国内外市场货源紧缺，且价格较高。为此采用现代高科技生物技术，利用从青海产新鲜冬虫夏草中分离到的虫草菌菌株，通过深层发酵培养生产冬虫夏草，研究结果表明深层发酵得到的菌丝体的有效成分与天然虫草类似，虫草多糖、甘露醇、虫草素等重要营养成分更是高于天然虫草。

冬虫夏草深层液体发酵技术相比传统栽培模式具有以下特点：虫草多糖、甘露醇、虫草素等有效成分含量高、质量稳定、生产成本低、连续生产、标准化控制、不受季节气候影响等。开发产品有虫草菌粉、速食虫草燕麦片、复方虫草制剂、冬虫夏草营养液、虫草蜂王浆和虫草功能饮料等。

2.2.2.2 主要技术指标

产能指标：40t 冬虫夏草菌粉、200t 高浓度冬虫夏草浓缩液（6 个 $10m^3$）。

主要经济指标：每千克菌丝体总成本为 80 元，每千克菌粉的销售价格为 240 元，利润率达到 200%；光虫草菌粉的销售额就达到 1 000 万元/年，利润 700 万元/年；冬虫夏草发酵浓缩液也可以开发相关产品。

主要技术指标：虫草酸 10.5%（天然虫草为 3.1%）。

虫草素 0.001 5%（天然虫草为 0.000 16%）。

虫草多糖 19.2%（天然虫草为 7.0%）。

2.2.2.3 投资规模

造价：每千克菌丝体总成本为 80 元。流动资产投资：约需 100 万元。

冬虫夏草菌深层液体发酵培养技术，所需主要设备有：$10m^3$ 发酵罐 6 个、空压机 1 台、锅炉 1 台，总投资约 400 万元。厂房约需 $1\,000m^2$。

2.2.2.4　市场前景及经济效益

在山东省一生物科技公司进行了示范推广，设计生产规模 40t 冬虫夏草菌粉/年，虫草菌粉产值达到 $1\,000$ 万元/年，冬虫夏草发酵浓缩液产值达到 500 万元/年，年利润 $1\,200$ 万元/年。

通过开发冬虫夏草系列产品，可以使产值和利润再提高 200%。

2.2.2.5　联系方式

联系单位：中国农业科学院农产品加工研究所

通信地址：北京市海淀区圆明园西路 2 号

联系电话：010－62816473

电子信箱：zhanbinbj@126.com

2.2.3　灵芝液体深层发酵技术及产品开发

2.2.3.1　技术简介

灵芝是中医药中的一种珍贵的传统要用真菌，具有双向免疫调节功能、抗癌、护肝、镇静镇痛、延缓衰老；对心血管系统具有降血脂、防止动脉粥样化、降血压；对血液系统具有抗血凝、提高人体老化的红细胞变形能力。灵芝的有效成分主要是：灵芝多糖、灵芝酸和牛磺酸等。

近年来，灵芝有关药品和保健品的研究及开发利用迅猛发展，天然的或通过人工栽培的灵芝子实体无论从规模和产量上都受到限制，无法满足日益增长的需求，利用液体发酵可以解决上述问题。

灵芝深层液体发酵技术具有以下特点：灵芝多糖、灵芝酸、牛磺酸等生物活性成分含量高，质量稳定、生产成本低、连续生产、标准化控制容易、不受季节和气候影响等。

技术特点：该技术生产的灵芝菌丝体和灵芝发酵液都能用来开发产品，生产过程不产生废液和废渣。

开发产品：灵芝多糖胶囊、灵芝菌粉、灵芝元浆、灵芝多糖功能饮料。

2.2.3.2 主要技术指标

（1）产能指标：40 000 000 粒灵芝软胶囊/年（4 000kg 灵芝多糖，100g/软胶囊），1 000 000 支灵芝元浆/年（20ml/支）。

（2）主要经济指标：每粒灵芝软胶囊 3 元，40 000 000 粒，小计 1.2 亿元。每支灵芝元浆 10 元，10 000 000 支，小计 1.0 亿元。合计年销售额 2.2 亿元，而每年的生产成本为 300 万元/年。

（3）主要技术指标：发酵液中虫草多糖 2%。

2.2.3.3 投资规模

造价：生产成本 300 万元/年。

流动资产投资：约需 100 万元。

灵芝深层液体发酵培养技术，所需主要设备有：10m^3 发酵罐 4 个、空压机 1 台、锅炉 1 台，总投资约 300 万元。

厂房：约需 1 000m^2。

2.2.3.4 市场前景及经济效益

无。

2.2.3.5 联系方式

联系单位：中国农业科学院农产品加工研究所

通信地址：北京市海淀区圆明园西路 2 号

联系电话：010－62816473

电子信箱：zhanbinbj@126.com

2.2.4 灵芝宝露及灵芝宝泡腾片生产技术

2.2.4.1 技术简介

属于农产品精深加工技术。利用生物技术萃取灵芝等的生物活性成分，开发出具有护肝解酒功能的产品。产品有液体饮料（露）型和泡腾片型等。

产品的商业附加值高，市场应用潜力大。

2.2.4.2　主要技术指标

年产灵芝宝饮料500t、灵芝宝泡腾片3t。年产值8 000万元，利税3 000万元。

2.2.4.3　投资规模

流动资金1 000万元。厂房面积3 500m²，设备总投资2 000万元。

2.2.4.4　市场前景及经济效益

灵芝宝饮料已商业生产，灵芝宝泡腾片已完成中试生产。

2.2.4.5　联系方式

联系单位：中国农业科学院农产品加工研究所

通信地址：北京市海淀区圆明园西路2号

联系电话：010 – 62815836

电子信箱：tangxuanming@ caas. cn

2.2.5　金银花活性物质提取及在食品工业中的应用

2.2.5.1　技术简介

利用河南省盛产的金银花为原料，配以白糖、蜂蜜，产品稳定性好，口味纯正，是理想的健康饮品。

2.2.5.2　主要技术指标

采用耐热聚酯瓶装，年产10 000t，可实现产值3 600万元，创利税720万元。

2.2.5.3　投资规模

基建、设备380万元，流动资金400万元。生产车间、配套库房2 000m²，水处理设备、萃取设备、调配罐、过滤机、超高温杀菌机、三合一热灌装机、包装设备、锅炉、配电、供水、污水处理。

2.2.5.4 市场前景及经济效益

无。

2.2.5.5 联系方式

联系单位：河南省食品工业科学研究所有限公司

通信地址：河南省郑州市农业路60—2号

联系电话：0371－63839225

电子信箱：yds1957@126.com

2.2.6 葛根系列产品开发技术

2.2.6.1 技术简介

以天然葛根资源为主要原料，开发了葛苓羹、富硒葛苓羹、葛粉丝、葛菇粉丝等葛根系列产品。

（1）"葛苓羹"产品：以新鲜天然葛根为原料，保留具有生物活性的葛根膳食纤维；采用超细粉碎技术，最大限度地保留葛根原有营养功效成分，同时微粉更易于人体吸收；此外，通过与茯苓、淮山、莲子组方后，改变葛根凉性为中性功能食品，使产品可长期饮用，适宜各类人群。

（2）"葛菇粉丝"产品：利用菇柄多糖的黏稠性与稳定性，改善了传统葛粉丝纯淀粉特性，生产的"葛菇粉丝"具有菇蛋白营养风味，葛根素含量由每100g含1mg提高至19mg。

2.2.6.2 主要技术指标

葛菇粉丝的葛根素含量达19mg/100g。富硒葛苓羹产品有机硒含量控制在0.1～0.3 mg/kg。

2.2.6.3 投资规模

400万元，超细粉碎等固体饮料及粉丝生产线相关配套设施。

2.2.6.4 市场前景及经济效益

该技术包括1项授权发明专利（ZL 200710009030.9）和1项评审成

果。该技术成果已在福建省龙岩市、南平市示范推广，取得了良好经济和社会效益。

2.2.6.5 联系方式

联系单位：福建省农业科学院农业工程技术研究所

通信地址：福建省福州市五四北路 247 号

联系电话：0591 – 87884651

电子信箱：laipufu@163.com

2.2.7 万寿菊精深加工技术

2.2.7.1 技术简介

以色素万寿菊为原料，采用生物发酵工程技术接种自主研制的高效复合乳酸菌发酵剂，发酵后经压榨、烘干、破碎、制粒、提取、皂化、纯化等工艺技术，制得高品质叶黄素产品，产品光、热稳定性强，可广泛应用于食品、饮料、医药、化妆品和饲料领域，前景广阔。

2.2.7.2 主要技术指标

发酵周期 20～25d；颗粒出率 12%～15%；浸膏出率 10%～12%；晶体叶黄素纯度大于 93%。

2.2.7.3 投资规模

建 1 条日产颗粒 12～15t 生产线造价 150 万元，流动资金 180 万元；建 1 条日产浸膏 2t 生产线造价 280 万元，流动资金 150 万元。

需建发酵池 8 个，每个池约 600m³（长 25m×宽 12m×高 2m），每个发酵池可存贮花 500t；需 500kg 制种罐 1 个。

需建制粒车间约 500m²；需建浸膏、纯化车间长 300m²；库房 400m²；需配备制粒生产线、浸膏生产线等设备。

2.2.7.4 市场前景及经济效益

天然叶黄素产品已在沈阳天然色素加工企业实现产业化，取得良好的经济效益和社会效益。

2.2.7.5 联系方式

联系单位：辽宁省农业科学院食品与加工研究所

通信地址：辽宁省沈阳市沈河区东陵路 84 号

联系电话：024 - 88419917

电子信箱：lnyspjgs@163.com

2.2.8 万寿菊鲜花乳酸菌发酵工艺

2.2.8.1 技术简介

该专利是以色素万寿菊花为原料，采用生物工程技术人工接种自主研制的高效复合乳酸菌发酵剂，控制发酵条件，专利号：ZL200610046669.X。特征是产酸快，万寿菊鲜花破壁效果好，颜色橙黄，无不良异味和环境污染，发酵周期短，成本低。

2.2.8.2 主要技术指标

发酵周期 20～25d，万寿菊颗粒出率提高 3%～5%，pH 值达到 3.0，贮藏期长可达 8 个月。

2.2.8.3 投资规模

总造价 40 万元，流动资金 30 万元。

发酵池 8 个，每个池约 600m³（长 25m × 宽 12m × 高 2m），每个发酵池可存贮花 500t；需 500kg 制种罐 1 个。

2.2.8.4 市场前景及经济效益

该项技术有效地解决了万寿菊鲜花发酵过程中的腐败问题，减少了原料损失和环境污染，提高万寿菊鲜花发酵效率和造粒质量。2008 年，该技术成果获沈阳市农村科技推广奖三等奖。本项技术已在辽宁天然色素加工企业推广使用，万寿菊颗粒出率提高 4 个百分点，万寿菊颗粒累计增产3 000t，新增产值 5 000 万元。

2.2.8.5 联系方式

联系单位：辽宁省农业科学院食品与加工研究所

通信地址：辽宁省沈阳市沈河区东陵路 84 号

联系电话：024 - 88419917

电子信箱：lnyspjgs@ 163. com

2.2.9 葛根功能饮料生产技术

2.2.9.1 技术简介

生产具有解酒护肝的葛根功能饮料。

2.2.9.2 主要技术指标

设备简单，各种产量可调，技术先进，经济效益较高。

2.2.9.3 投资规模

设备造价 50 万 ~ 1 000 万元；流动资产投资 50 万 ~ 500 万元。QS 饮料生产车间、多功能提取罐、离心设备、储藏罐、调配罐、均质机、超高温瞬时灭菌、自动灌装设备、打码设备、管道和泵等。

2.2.9.4 市场前景及经济效益

已有中试生产线，经济效果显著。

2.2.9.5 联系方式

联系单位：安徽省农业科学院农产品加工研发所

通信地址：安徽省合肥市农科南路 40 号

联系电话：0551 - 5160923

电子信箱：Elmcheng@ hotmail. com

2.2.10 药食同源固体饮料生产技术

2.2.10.1 技术简介

生产各种具有降脂减肥、活血化瘀、安神益寿、缓解更年期等功能作

用的药食同源固体饮料、养生粥、养生原粮等相关产品。

2.2.10.2 主要技术指标

设备简单，各种产量可调，技术水平国内先进，经济效益较高。

2.2.10.3 投资规模

设备造价 20 万～500 万元；流动资产投资 20 万～200 万元。QS 生产车间和标准化厂房，主要设备超微粉碎、过热蒸汽、反应釜、灭菌设备、分筛设备、离心设备、储藏罐、调配罐、均质机、自动分装、打码设备、管道和泵等。

2.2.10.4 市场前景及经济效益

已有中试生产线，经济效果显著。

2.2.10.5 联系方式

联系单位：安徽省农业科学院农产品加工研发所

通信地址：安徽省合肥市农科南路 40 号

联系电话：0551 - 5160923

电子信箱：Elmcheng@ hotmail. com

2.2.11 姬松茸深加工关键技术研究及系列新产品开发

2.2.11.1 技术简介

该项目以姬松茸子实体或发酵产物为原料，综合运用营养调配、功效因子稳态化、深层发酵等技术，开发了姬松茸酒、姬松茸饮料、姬松茸粉丝、姬松茸多糖胶囊等产品。

2.2.11.2 主要技术指标

姬松茸多糖胶囊产能 6 万瓶/年，销售收入 300 万元，毛利 100 多万元；姬松茸植物饮料生产能力为 2t/h，年产值 2 000 多万元，毛利 500 多万元；姬松茸酒按年产 50 万瓶计，每年销售收入约 400 万元，毛利 200 多万元。姬松茸方便粉丝月生产能力为90t。

2.2.11.3　投资规模

姬松茸饮料设备投资200万元；姬松茸粉丝设备投资80万元；姬松茸多糖胶囊和姬松茸酒均可采用代加工形式委托有资质企业生产。

多功能超微粉碎机、提取浓缩机组、饮料灌装生产线、米粉粉丝生产线等。

2.2.11.4　市场前景及经济效益

目前已在湖北省3家企业进行示范推广。授权专利3项：菌多糖冬凌草复合制剂及其制备方法（专利号：ZL200910272577.7）、一种桂花风味复合菇功能饮料的制备方法（专利号：ZL201010176834.X）、一种添加葛渣基质的姬松茸液态发酵及姬松茸酒的制备方法（专利号：ZL201210465107.4）。

2.2.11.5　联系方式

联系单位：湖北省农业科学院农产品加工与核农技术研究所

通信地址：湖北省武汉市洪山区南湖大道5号

联系电话：027－87389392

电子信箱：highong@163.com

2.2.12　蛹虫草中虫草素的提取工艺

2.2.12.1　技术简介

蛹虫草为我国特有的珍贵资源，具有很高的药用和食用价值。蛹虫草含有虫草菌素和虫草多糖，其独特药理作用已日益引起药学界的高度重视。由于蛹虫草具有以上优点，因此成为虫草属中药用虫草菌中的佼佼者，而其中的虫草素，更是具有抗病毒、抗菌、明显抑制肿瘤生长、干扰人体RNA及DNA合成等保健作用。

2.2.12.2　主要技术指标

该项目以蛹虫草为主要材料，利用超声波辅助与酶法提取蛹虫草中的虫草素。虫草素具有多种生物活性：如免疫调节作用，可激活巨噬细胞产

生细胞毒素直接杀伤癌细胞；抑制蛋白激酶活性，对体液免疫有调节作用；虫草素还可渗入肿瘤细胞 DNA，抑制肿瘤细胞核酸的合成；并且具有广谱抗菌作用、抗炎作用、抗白血病作用和较强的抗病毒活性，可有效抑制病毒 mRNA 和多聚腺苷酸的合成。

2.2.12.3　投资规模

无。

2.2.12.4　市场前景及经济效益

无。

2.2.12.5　联系方式

联系单位：湖北省农业科学院农产品加工与核农技术研究所

通信地址：湖北省武汉市洪山区南湖大道 5 号

联系电话：027 - 87389392

电子信箱：highong@163.com

2.2.13　农产品及中药材等植物资源高效绿色超细化加工技术

2.2.13.1　技术简介

（1）闭路循环，连续运转，单位产量大，劳动强度低。

（2）在研磨机高频研磨、强力风机共同作用下，打破物料相互团聚，使得混合充分，均质化程度高。

（3）破碎温度低，保护农产品有效成分不被破坏。

2.2.13.2　主要技术指标

（1）物理加工，无溶剂残留。

（2）较大程度地保持了物料原有的生物活性和营养成分，改善了食品的口感。

（3）使得食品有很好的固香性、分散性和溶解性，利于营养物质的消化吸收。

（4）由于空隙增加，微粉孔腔中容纳一定量的 CO_2 和 N_2 可延长食品保鲜期。

（5）原来不能充分吸收或利用的原料被重新利用，节约了资源。

（6）加工成的超细粉可按需要配制和深加工成各种功能食品，增加产品种类，可提高资源利用率。

2.2.13.3　投资规模

无。

2.2.13.4　市场前景及经济效益

技术成熟，设备成套性好，便于推广示范。技术加工对象选择性小，应用范围广，加工产品应用途径广，经济效益显著。

2.2.13.5　联系方式

联系单位：山东省农业科学院农产品研究所

通信地址：山东省济南市历城区工业北路 202 号

联系电话：0531 – 83179825

电子信箱：zhaoxiaoyan@ nercv. org

2.2.14　中药生物活性物质提取物兽医临床应用研究

2.2.14.1　技术简介

该成果针对目前养殖业中存在的疫病大面积流行和药物泛滥使用的情况，以及目前兽医临床中中药产品粗制、剂型单一、药物成分的提取和药理作用研究薄弱的事实，通过药物生物活性成分的提取和药理作用研究，开发出不同的剂型；成果组调查分析了我国和河南省黄芪及其提取物的市场容量及前景预测，进行了黄芪、板蓝根、金银花等中药对猪伪狂犬病病毒、猪繁殖呼吸综合征病毒、猪细小病毒等的体内外作用效果研究；比较了黄芪多糖颗粒剂、粉剂、注射剂等不同剂型对猪、鸡免疫效果和生长性能的影响，研究探讨了黄芪多糖做为新城疫疫苗佐剂对疫苗性状的影响以及对雏鸡免疫效果的影响。

2.2.14.2　主要技术指标

河南省科技进步二等奖。

2.2.14.3　投资规模

无。

2.2.14.4　市场前景及经济效益

新配方开发了4种具有抗菌、抗病毒、促生长、增强免疫力等的中草药成分提取复方制剂；获得了中药复方及单一成分等11种国家批准文号。经在河南省、山东省、河北省等地区的猪、鸡、牛中推广应用，有效提高了畜禽的生产性能、改善了产品质量、减少了疾病的发生与死亡，创造了巨大的经济效益。

2.2.14.5　联系方式

联系单位：河南农业大学

通信地址：河南省郑州市金水区文化路95号

联系电话：0371－63558905

电子信箱：63558627@163.com

2.3　糖类加工实用技术及装备

2.3.1　小麦加工副产物中高附加值功能性多糖制备技术

2.3.1.1　技术简介

阿拉伯木聚糖是小麦麸皮中的重要活性多糖，除具备普通膳食纤维的降血脂、通便、减肥功能等功效外，同时具有显著的抗氧化、增强免疫力、抗肿瘤、降血糖等生理功能。该技术以农副产品小麦麸皮为原料，采用现代先进提取技术高效提取阿拉伯木聚糖，制备具有上述两种不同功能的阿拉伯木聚糖产品，以适应产品开发的不同用途和市场需求。通过温和生物酶法制备的阿拉伯木聚糖在抗氧化、增强免疫力等方面的生理功能突出，可与现有临床用药——香菇多糖、人参多糖相媲美。采取酸碱法制取的阿拉伯木聚糖分子量大、黏度高，在降脂、减肥等方面功能显著，另还可作为一种多糖胶类增稠剂广泛用于食品加工中。具有此两大类保健功能的产品均有良好的市场需求和发展前景。

2.3.1.2 主要技术指标

建设年产酶法阿拉伯木聚糖 600t 生产线和碱法阿拉伯木聚糖 900t 生产线各 1 条，年消耗小麦麸皮原料 15 000t。

2.3.1.3 投资规模

流动资金投入为 500 万 ~ 800 万元。

需要厂房设备固定投资 5 200 万元，生产车间面积 4 800m²。

2.3.1.4 市场前景及经济效益

完全达产后可实现年产值 2.25 亿元，利润 5 500 万元。

2.3.1.5 联系方式

联系单位：中国农业科学院农产品加工研究所

通信地址：北京市海淀区圆明园西路 2 号

联系电话：010 - 62816473

电子信箱：zhanbinbj@126.com

2.3.2 麦芽糖化黑米饮料加工技术

2.3.2.1 技术简介

利用大麦芽中丰富的酶系，降解黑米中的淀粉、蛋白，形成易于吸收的能量饮料（含米粒），具有麦芽风味和天然米香，口感清爽，色泽呈诱人的葡萄酒红色，且保留了黑米中的膳食纤维。目前正在申请专利保护。

2.3.2.2 主要技术指标

年产饮料 325t，销售收入 680 万元。

2.3.2.3 投资规模

总投资 300 万元，流动资产投资 120 万元。

（1）生产车间：粉碎、过滤、糖化、配料、灭菌、灌装设备及辅助设备。

（2）辅助功能间：更衣、器具清洗、暂存间等。

（3）库房：原料库、包材库、成品库。

（4）化验室：分析天平、全自动凯氏定氮仪、恒温电热干燥箱、超净工作台、恒温培养箱、水浴锅、辅助设备。

（5）其他：供热、配电、水系统。

2.3.2.4 市场前景及经济效益

该产品属国内市场空白。在日本和韩国，已有此类型的糙米饮料，且已经形成了一定的市场规模，但没有以黑米为加工对象的同类产品，因此本产品的产业化具有广阔的市场前景。

达产年年销售收入 712.8 万元，总成本 423 万元，税后利润 122 万元，投资里利润率 17.54%，投资利税率 23.39%，优于行业平均水平。

2.3.2.5 联系方式

联系单位：黑龙江省农业科学院食品加工研究所

通信地址：黑龙江省哈尔滨市南岗区学府路 368 号

联系电话：0451 - 86610253

电子信箱：ZhouYe614@163.com

2.3.3 一种从热榨花生粕中提取多糖的方法

2.3.3.1 技术简介

一种从热榨花生粕中提取花生多糖的方法，包括花生粕的前处理、多糖的提取、分离纯化、干燥步骤，其中，使用无毒、高效的纤维素酶法对花生粕进行酶解，再灭酶，提取花生粕中的多糖，最大限度的保留了多糖的功能特性，避免有机溶剂的污染，提高了多糖的提取效率。

2.3.3.2 主要技术指标

超微粉碎机价格，280 万元/台，该设备产能达到4t/d。冷冻干燥设备，10 万元/套自动包装机：10 万元/套。

2.3.3.3 投资规模

厂房建造需 70 万元，场地租赁费 10 万元，购买设备需 300 万元，流动资金需 50 万元。

生产厂房面积500m²，提取车间、包装间、仓库。

2.3.3.4 市场前景及经济效益

建立年加工量 10t 的花生多糖提取厂，年总收入可达 800 万元，纯利 300 万元，通过本项目推广，可以带动周边地区花生生产，提高农民工就业率，增加农户收入。

2.3.3.5 联系方式

联系单位：山东省农业科学院农产品研究所

通信地址：山东省济南市工业北路202 号

联系电话：0531－83179223

电子信箱：xtc@live.com

2.3.4 冻米糖物理抗氧化贮藏技术

2.3.4.1 技术简介

针对冻米糖在自然贮藏过程中油脂容易氧化酸败的问题。在国内外首次提出了冻米糖物理抗氧化贮藏技术，该技术以丰城冻米糖为原料，采用了抽真空充氮气或二氧化碳的物理方法来贮藏冻米糖，通过测定贮藏期间水分、酸价、过氧化值和总糖变化，来衡量其贮藏效果，结果发现贮藏 6 个月，酸价、过氧化值均未超标。

该方法纯属物理抗氧化技术，未使用任何添加剂、无任何污染，可用于解决冻米糖贮藏中氧化变质问题，且生产成本低，操作简单，对于冻米

糖加工企业极具应用价值，该技术应用前景广泛。

2.3.4.2　主要技术指标

主要经济技术指标：酸价（以脂肪计）≤3mg/g；过氧化值（以脂肪计）≤0.25g/100g；总糖（%）≥12；水分（%）≤5。

2.3.4.3　投资规模

主要设备：充气包装机。

2.3.4.4　市场前景及经济效益

无。

2.3.4.5　联系方式

联系单位：江西省农业科学院农产品加工研究所

通信地址：江西省南昌市青云谱区南莲路 602 号

联系电话：0791－87090105

电子信箱：fjx630320@ 163. com

2.3.5　不易结晶蜂蜜生产工艺研究及应用

2.3.5.1　技术简介

该成果对温度、清洗、包装材料、脱气、过滤等因素与蜂蜜结晶的关系进行了系统研究，建立了不易结晶蜂蜜生产的工艺流程和工艺参数，实现了不添加任何物质延缓蜂蜜结晶，使蜂蜜的货架期延长了 10 个月以上。采用显微镜、激光粒度分析、差示扫描量热法等方法，对蜂蜜结晶动力学、热力学进行了研究，探明了蜂蜜结晶的成因。对蜂蜜瓶颈黑圈形成的原因进行了研究，确定了蜂花粉和铁是形成瓶颈黑圈的两个重要因素，提出了预防措施。

2.3.5.2　主要技术指标

技术水平。不易结晶蜂蜜生产工艺的研究取得了重要突破，总体达到国际先进水平。

2.3.5.3 投资规模

应用范围及前景。所有蜂蜜生产企业。该成果已在北京中农蜂蜂业技术开发中心推广应用，显示了较强的市场竞争力和市场前景，具有广阔的推广应用前景。并且投资小，见效快。只需一些专门的蜂蜜加工设备。食品生产厂房及相关配套设施。

2.3.5.4 市场前景及经济效益

经济及社会效益。如果将不易结晶蜂蜜生产工艺研究成果向全国蜂产品企业推广，由于该技术可以改善产品质量和延长货架期，可以进一步促进销售和提高产品附加值，促进出口创汇，预计直接经济效益可达20亿元。本成果符合现代居民消费需要，从而带动养蜂业的发展，促进蜂业增效、蜂农增收和出口创汇，有利于我国养蜂业持续健康稳定的发展。

2.3.5.5 联系方式

联系单位：中国农业科学院蜜蜂研究所

通信地址：北京市海淀区香山北沟一号（卧佛寺西侧）

联系电话：010 - 62597059

电子信箱：pengwenjun@ vip. sina. com

2.3.6 新型糖浆上浮清净系统的开发与应用

2.3.6.1 技术简介

项目是工艺、设备和过程控制的集成技术创新，主要技术内容有：①采用新型糖浆上浮系统取代传统的糖浆硫熏系统；②采用无机械传动的专利设备进行制泡；③采用DCS过程控制技术对糖浆上浮工艺过程的流量、温度、糖浆锤度等关键参量进行集散控制，运用变频技术实现各种助剂的精确添加，从而实现最优工艺效果；④通过设备的优化设计及其合理布置，有效避免因停留时间过长而造成的糖分转化损失。

2.3.6.2　主要技术指标

（1）糖浆纯度提高 0.2（A.P）。

（2）糖浆浊度下降 60%。

（3）糖浆色值降低 15%。

（4）糖浆二氧化硫含量降低 45%。

2.3.6.3　投资规模

无。

2.3.6.4　市场前景及经济效益

该技术对降低成品糖中的二氧化硫含量效果十分显著，是降低白糖二氧化硫成熟的工艺技术。

2.3.6.5　联系方式

联系单位：广东省科学院

通信地址：广东省广州市海珠区石榴岗路 10 号

联系电话：020－84179424

电子信箱：yjkfb@126.com

2.3.7　酵母菌葡萄糖耐量因子（GTF）高效发酵工艺及制备技术

2.3.7.1　技术简介

该成果为国家航天育种工程项目（2006HT20013）支持，以收藏的 GTF 酵母菌为出发菌株，搭载实践 8 号育种卫星进行航天诱变及返回地面后的离子注入诱变，经过初筛及复筛，选出一株遗传性能稳定、高产 GTF 菌株 YS2I-3.2，其有机铬量为 2 266 μg/g 干菌体，总铬含量为 3 470 μg/g 干菌体，有机铬率达 65.31%，生物量 36.5 g/L。糖尿病模型鼠饲喂试验结果显示：GTF 酵母菌可粉可显著降低糖尿病小鼠总胆固醇和提高胰岛素含量，高剂量的 GTF 含铬酵母可显著降低糖化血红蛋白；对胰腺组织和 β 细胞有一定保护作用。

该技术为农业部鉴定成果〔农科果鉴字（2012）第 1 号〕，鉴定结果：总体达到国际先进水平，部分成果为国际领先水平。拥有发明专利 1 项：生产生物有机铬的方法及其专用菌株 ZL 200810224266.9。

2.3.7.2　主要技术指标

我国的糖尿病患者人数居全球之冠，达到了 9 240 万人。目前，糖尿病治疗中用铬补充剂的种类较多，如 GTF、苯基丙氨酸铬、吡啶酸铬、烟酸铬等。而酵母源性 GTF 以其高活性、高安全性而备受关注。如果每年有 1% 的病人使用 GTF 来预防和辅助降糖的话，按每天花费 5 元计算，则有 16 亿元的销售收入。利润为 3.35 亿元（按 20% 净利润计）。

2.3.7.3　投资规模

厂房及设备造价为 500 万元左右，流动资金 100 万元左右。该技术适用于酿造发酵企业。

2.3.7.4　市场前景及经济效益

中华医学会糖尿病分会、国际糖尿病联合会于 2011 年 11 月 14 日发布的一项糖尿病社会经济影响的研究结果显示，经估算，我国糖尿病导致的直接医疗开支占全国医疗总开支的 13%，达到了 1 734 亿元。GTF 为生物来源含铬蛋白，安全性高，控制高血糖的同时，没有降糖西药的副作用，可成为糖尿病患者的重要保健食品，市场前景广阔。

2.3.7.5　联系方式

联系单位：中国农业科学院农产品加工研究所
通信地址：北京市海淀区圆明园西路 2 号
联系电话：010 - 62815542
电子信箱：egret_ liulu@ yahoo. com. cn

2.3.8　蜂蜜结晶调控技术

2.3.8.1　技术简介

通过研究蜂蜜结晶体显微结构及晶体状态、影响蜂蜜结晶的关键性因素、蜂蜜结晶调控技术（蜂蜜促结晶关键技术研究、蜂蜜抗结晶关键技术研究），优化结晶蜂蜜和抗结晶的液态蜂蜜加工工艺，分别得到了优质结晶蜂蜜产品和抗结晶蜂蜜半成品。以抗结晶蜂蜜为半成品原料，辅以适量的新鲜果蔬，生产出了果蔬蜂蜜饮专利产品（生姜蜂蜜饮）。

2.3.8.2 主要技术指标

"结晶蜂蜜"日产5 000瓶（规格450g/瓶），拟将出厂价定为39元/瓶，年产96万瓶的产值为3 744万元；"生姜蜂蜜饮"产能为日产3 000瓶（规格450g/瓶），拟将出厂价定为45元/瓶，即年产48万瓶的产值为2 160万元。

2.3.8.3 投资规模

"结晶蜂蜜"固定资产投资约300万元，流动资金投资约700万元；"结晶蜂蜜"：GMP厂房，打磨、输送设备等；"生姜蜂蜜饮"：GMP厂房，姜去皮机、切片机、输送设备等。

2.3.8.4 市场前景及经济效益

根据固定成本以及可变成本计算，结晶蜂蜜实际销售额达到预计销售额的6.725%（预计年销售96万瓶），"生姜蜂蜜饮"实际销售额达到预计销售额的9.03%（预计年销售48万瓶），项目投资就可以实现保本。可见，本项目具有很好的经济效益和抗风险能力。

2.3.8.5 联系方式

联系单位：湖南省明园蜂业有限公司

通信地址：湖南省长沙市芙蓉区长冲路30号

联系电话：0731-82256498

电子信箱：Hewei3218@126.com

2.3.9 酵母β-葡聚糖制备及检测技术

2.3.9.1 技术简介

酵母细胞壁多糖能够刺激动物机体免疫反应机能；吸附或结合外源性

病原菌，促进肠道内有益菌繁殖，抑制肿瘤发生、抗辐射、抗氧化，改善血清脂质，降低胆固醇含量，防治便秘，改善多种消化系统疾病，因此具有良好的生理活性功能。

从"实践8号"卫星搭载后的酿酒酵母样品中筛选得到的菌株 AS 2.0016-M，经发酵工业研究院检测该菌株具有良好的酿酒性能，并且生物量增加46.69%，细胞壁厚度增加62.62%，甘露聚糖含量增加18.82%，β-葡聚糖含量增加146.87%。以废啤酒酵母为原料，利用高温抽提、高压均质、均相酯化等技术采用温和、高效提取方法进行β-葡聚糖的提取。同时建立了一个快速、准确、易行且费用低廉的酵母β-葡聚糖检测新方法，检测费用仅为酶法的1/5。与传统方法相比，新方法保证了产品的自然化、绿色化和安全化，具有较强的市场竞争力。

2.3.9.2 主要技术指标

以废啤酒酵母为原料，利用高温抽提、高压均质、均相酯化等技术采用温和、高效提取方法进行β-葡聚糖的提取，最终产品得率到达11%，而纯度高达93%。

2.3.9.3 投资规模

建设年产100t酵母β-葡聚糖1条，需厂房设备固定投资2 100万元。高效振动过滤机、调配罐、胶体磨、纳米对撞机、三足式自动下卸料离心机、连续式离心机、酶解罐、膜分离设备、高速乳化罐、真空减压浓缩罐、贮存罐、喷雾干燥系统、包装机、罐装机、鼓风干燥箱、醇沉罐。总占地面积330m^2。

2.3.9.4 市场前景及经济效益

经济效益估算，完全达产后可实现年销售收入约5 000万元，年利润约2 346万元。

2.3.9.5 联系方式

联系单位：中国农业科学院农产品加工研究所

通信地址：北京市海淀区圆明园西路 2 号

联系电话：010 - 62816473

电子信箱：zhanbinbj@126.com

2.3.10　蜂胶口腔喷雾剂产品加工技术

2.3.10.1　技术简介

该技术以蜂胶主要原料，复配中药，参用现代绿色溶解技术，显著提高蜂胶溶解率，开发出具有消炎镇痛、清热解毒、缓解口腔不适的蜂胶口腔喷雾剂。

2.3.10.2　主要技术指标

蜂产品的保健功效及使用方式深入人心，极易被消费者接受。蜂胶天然的抗炎清热功能，开发成蜂胶口腔喷雾剂产品，安全便利。高效提取率有助于充分发挥功效特点，提高产品经济效益。

2.3.10.3　投资规模

无。

2.3.10.4　市场前景及经济效益

蜂胶口腔喷雾剂天然有效，便携方便，可满足各种年龄职业需求的人群。

2.3.10.5　联系方式

联系单位：中国农业科学院农产品加工研究所

通信地址：北京市海淀区圆明园西路 2 号

联系电话：010 - 62816473

电子信箱：zhanbinbj@126.com

2.3.11　银耳中功能性 α-甘露聚糖制备关键技术

2.3.11.1　技术简介

该技术是以优质银耳为原料，利用独特的碱法提取生产工艺，提取富集银耳中的功能性多糖，其主要活性成分是 α-甘露聚糖，具有优雅独特的顺滑肤感和高效保湿护肤功能，因此被誉为"植物透明质酸"。α-甘露聚糖分子中富含大量羟基、羧基等极性基团，可结合大量的水分，分子间相互交织成网状，具有极强的锁水保湿性能，发挥高效保湿护肤功能。大分子量的 α-甘露聚糖具有极好的成膜性，赋予肌肤水润丝滑的感觉。

2.3.11.2　主要技术指标

目前，在化妆品原料中使用的保湿剂一般是透明质酸和神经酰胺等成分，由于这些原料制备困难，原材料缺乏，造成其价格长期居高不下。银耳多糖从银耳中提取，原料充足，提取工艺简单。

2.3.11.3　投资规模

无。

2.3.11.4　市场前景及经济效益

经测试，银耳多糖保湿效果与透明质酸相当，而锁水性能优于透明质酸，具有优异的高效保湿护肤功能，可以广泛应用于面膜、膏霜、乳液、精华素、凝胶、洗面奶等各类护肤产品中，赋予化妆品优雅独特的顺滑肤感，并具有高效保湿护肤功能。

2.3.11.5　联系方式

联系单位：中国农业科学院农产品加工研究所

通信地址：北京市海淀区圆明园西路 2 号

联系电话：010-62816473

电子信箱：zhanbinbj@126.com

2.3.12　黑木耳多糖制备关键技术

2.3.12.1　技术简介

该技术是以黑木耳为原料，利用独特超微粉碎技术，并结合酶法辅助提取的生产工艺，提取富集黑木耳中功能性多糖。获得以多种葡聚糖为主

的生物活性酸性杂多糖。

2.3.12.2　主要技术指标

黑木耳多糖的提取工艺简单易行，以黑木耳为原料，具有丰富的原料来源。此外也可采用外观较差的木耳、碎木耳等为原料，在降低生产成本的同时，减少浪费，提高产品附加值，增加企业效益。

2.3.12.3　投资规模

无。

2.3.12.4　市场前景及经济效益

产品卖点：①降血脂、降胆固醇：高血脂症是血液中一种或多种物质成分异常的增高病症，与心脑血管疾病息息相关。黑木耳多糖对高血脂症小鼠模型的血清甘油三酯、总胆固醇和低密度脂蛋白等均有不同程度的降低作用。②增强免疫力、抗衰老：黑木耳多糖可有效促进机体的免疫功能，抗脂质过氧化效应，对机体损伤具有一定的保护作用，从而明显延缓衰老作用。

2.3.12.5　联系方式

联系单位：中国农业科学院农产品加工研究所

通信地址：北京市海淀区圆明园西路 2 号

联系电话：010－62816473

电子信箱：zhanbinbj@126.com

2.3.13　酶法转化玉米芯生产功能性低聚木糖

2.3.13.1　技术简介

我们的肠道中有种类繁多的微生物，其中，有许多对我们维护身体健康具有重要的作用，如双歧杆菌和乳酸菌。有一些物质对这些有益微生物生长、繁殖有良好的促进作用，如低聚木糖，又称木寡糖，是由 2～7 个木糖分子以 β－1，4 糖苷键连接而成的一类重要的功能性低聚糖，促进双歧杆菌等益生菌增殖，同时产生多种有机酸，降低肠道 pH 值，从而抑制有害菌的生长。

2.3.13.2 主要技术指标

由于自然界不存在天然的低聚木糖，其生产和制备主要依耐于半纤维素的酶法水解，难度非常大，全世界只有极少数企业拥有此技术，且高度保密和垄断。该技术也获得了2005年度"国家科技发明二等奖"。

2.3.13.3 投资规模

无。

3.13.4 市场前景及经济效益

经过多年的技术攻关，中国农业大学食品科学与营养工程学院在低聚木糖的生产上取得突破，以玉米芯为原料，采用木聚糖水解的方式成功地生产出了低聚木糖，并转化企业，成功实现了工业化生产，一举打破了跨国公司的垄断。

2.3.13.5 联系方式

联系单位：中国农业大学食品科学与营养工程学院

通信地址：北京市海淀区圆明园西路2号

联 系 人：郭顺堂、程永强

联系电话：010－62737634

电子信箱：shuntang@ cau. edu. cn

2.3.14 嗜热真菌耐热木聚糖酶产业化生产

2.3.14.1 技术简介

木聚糖酶（EC3.2.1.8）是一种诱导型水解酶，能以水解木聚糖产生不同长度的木寡糖和少量的木糖，因此是木聚糖（半纤维素）降解中最关键的酶。由于木聚糖酶在食品、饲料、纺织与造纸等行业中显示出了重要的应用价值和广泛的应用潜力。在食品工业中，木聚糖酶可以用来水解木聚糖，制备功能性低聚木糖；在啤酒酿造过程中，木聚糖酶可

以有效解除因木聚糖黏度过大引起的过滤速度慢问题，从而提高生产效率等。

2.3.14.2 主要技术指标

食品学院采用高通量、定向选育和诱导进化技术，从全国各地1 000多份代表性极端热环境土样中选育50多株高产木聚糖酶的嗜热真菌。获得2011年度"国家科技进步二等奖"。

2.3.14.3 投资规模

无。

2.3.14.4 市场前景及经济效益

该项目的产业化关键技术及应用填补了国内空白，打破了国际垄断，其中2株嗜热真菌能利用农业废弃物高产耐热木聚糖酶，酶学性质适用于低聚木糖的生产、面制品品质改良等用途。

2.3.14.5 联系方式

联系单位：中国农业大学食品科学与营养工程学院

通信地址：北京市海淀区圆明园西路2号

联　系　人：郭顺堂、程永强

联系电话：010-62737634

电子信箱：shuntang@cau.edu.cn

2.3.15 生物降解及保健型口香糖

2.3.15.1 技术简介

目前国内外口香糖胶基大多数为橡胶材料和树脂胶基。这类胶基废弃之后具有很强的黏性，难以从地面、桌椅或其他公共场所、公共设施上清除，而且在自然界中难以降解（100年以上才能降解），因而产生一系列的环境污染。因此，需要研制一种废弃以后，能利用自然界的微生物对口香糖的残迹进行降解的新型环保型口香糖。

2.3.15.2 主要技术指标

无。

2.3.15.3 投资规模

设备购买及技术转让等具体需详谈。

2.3.15.4 市场前景及经济效益

解决目前口香糖的环境污染问题，解决目前橡胶和树脂胶基对小孩的潜在危险。另外，通过添加荷叶、山楂、决明子等（用其中的提出物），制成具有减肥、明目、清火、消食等具有保健功能的口香糖。中国口香糖市场以每年 5% ~ 10% 的速度增长，目前我国市场规模超过 30 亿元。据专家预测，到 2010 年，全球糖果市场销售额将达 2 000 亿美元。随着人们环保意识的提高，生物降解口香糖的市场空间巨大。

2.3.15.5 联系方式

联系单位：华中农业大学

通信地址：湖北省武汉市狮子山街 1 号

联系电话：027 - 87286608

电子信箱：xionghanguo@ mail. hzau. edu. cn

2.3.16 木聚糖酶产业化中试及在小麦加工中的应用

2.3.16.1 技术简介

该成果经过多年的木聚糖酶产生菌的选育，获得一株产酶活力高、酶系合理、原料粗放、遗传稳定的木聚糖酶高产菌株黑曲霉 A - 25，该菌在以玉米芯、麸皮为主料的培养基上产酶活力达到国内领先。

2.3.16.2 主要技术指标

在河南莲花酶工程有限公司进行中试，确定了 5t 发酵罐的发酵条件及提取工艺，此工艺在 20t 生产罐中放大，发酵罐产酶水平达到 900IU/ml 以上，成品液态酶制剂活力达 2 500IU/ml，产品符合酶制剂行业标准（套用糖化酶行业标准 QB1805.2—93），建成了木聚糖酶中试线。

2.3.16.3 投资规模

无。

2.3.16.4 市场前景及经济效益

该酶制剂的生产由于采用玉米芯和麸皮的主料使其生产成本大大低于目前同类产品，而活力与杰能科产品相当。将该产品用于小麦谷朊粉及淀粉糖生产中，具有显著的应用效果。

2.3.16.5 联系方式

联系单位：河南农业大学

通信地址：河南省郑州市农业路 63 号

联系电话：0371－635551754

电子信箱：63558627@163.com

2.3.17 结晶蜂蜜的解晶技术

2.3.17.1 技术简介

该技术操作简单，安全可靠，不需要复杂设备；同时可以有效的将结晶蜂蜜解晶，所得蜂蜜在贮藏过程中不会出现重结晶的现象，同时还原糖含量、酸度等各项指标达到国家标准，并能较好的保持蜂蜜淀粉酶的活性以及原有蜂蜜的风味和营养。

2.3.17.2 主要技术指标

无。

2.3.17.3 投资规模

无。

2.3.17.4 市场前景及经济效益

蜂蜜是一种营养价值很高的保健食品和疗效食品，具有滋补、养颜和特殊药理作用，备受消费者青睐。但大多蜂蜜在较低的温度下都会逐渐结晶。假蜂蜜产品进入市场，混淆了消费者对真假蜂蜜产品的识别，以至于消费者认为蜂蜜出现结晶沉淀是质量问题。所以蜂蜜在贮运过程中的结晶问题一直是困扰蜂产品加工企业的难题。目前，蜂蜜的解晶方法主要有加热机械解晶法、超声波结晶法、微波解晶法和超导强磁处理技术等。但这些技术只能在一定程度上推迟结晶，不能很好的解决结晶的问题。本技术可以在根本上解决该问题，且操作简单，不需要复杂昂贵的化学药品及仪器设备，便于进一步的推广。

2.3.17.5　联系方式

联系单位：华中农业大学

通信地址：湖北省武汉市狮子山街 1 号

联系电话：027－87282111

电子信箱：yszhen@ mail. hzau. edu. cn

2.3.18　干型和半干型蜂蜜酒生产新工艺

2.3.18.1　技术简介

通过发酵工艺优化形成的蜂蜜酒生产工艺。

2.3.18.2　主要技术指标

该工艺酿制的蜂蜜酒的感观品评结果：①干型蜂蜜酒：呈浅黄色，蜜香及发酵酒突出，落口柔和，甘爽，酸甜适中，具有蜂蜜酒（干型）典型风格。②半干型蜂蜜酒：呈浅黄色，清亮透明，蜜香郁雅，酸甜爽口，酒体协调，回味悠长，具有蜂蜜酒典型风格。

2.3.18.3　投资规模

无。

2.3.18.4　市场前景及经济效益

随着蜂蜜酒研发工作的深入开展，蜂蜜酒的发酵工艺更加优化，发酵

速度加快，沉淀问题解决，蜂蜜酒必将成为继啤酒、葡萄酒、黄酒之后的第四大健康、美味、低度的酒类饮品，人们对蜂蜜酒的认识和需求也将逐步增加，因而蜂蜜酒的生产工艺必将得到广泛的应用和发展。

2.3.18.5 联系方式

联系单位：华中农业大学

通信地址：湖北省武汉市狮子山街 1 号

联系电话：027 - 87281040

电子信箱：fa-lyx@ 163. com

2.3.19 甘蔗糖厂无核源均匀压榨 DCS 控制系统

2.3.19.1 技术简介

该系统主要是通过无核源蔗丝量测量方法，实现蔗丝量无核源蔗丝量计量，其精度优于 ±1%，计量精度高，稳定可靠，可完全取代核子秤作为甘蔗糖厂蔗料计量系统，解决了甘蔗糖厂长期使用核子秤对环境威胁的问题，实现糖厂清洁生产的目的。

通过建立进榨量与 1#、2#输送带蔗丝量、速度、时间等参数的数学模型，实现榨量均匀、精确控制；建立各列压榨机榨量、转速、压榨高位槽料位的数学模型，实现压榨过程均匀控制；通过建立渗透水量对蔗比率与渗透水量，压榨机辊升，末汁锤度等参数的数学模型，实现压榨抽出率与清汁浓缩能耗的优化控制。实现压榨生产过程全过程自动控制，从而提高压榨生产过程设备的安全生产率及提高压榨抽出率。每处理 1 万 t 甘蔗增收 2.7 万元。

2.3.19.2 主要技术指标

无核源蔗丝进榨计量精度 ±1.0% 。

均衡进榨控制精度 ±2% SP /m； ±1.0% SP /h。

蔗渣水分平均降低 2% ，提高蔗渣燃烧热值。

蔗渣转光度平均降低 0.2，提高蔗渣回收率。

2.3.19.3　投资规模

每套无核源均匀压榨 DCS 控制系统投资约 70 万元，产生的经济效益约为每处理 1 万 t 甘蔗增收 2.7 万元，该系统如能在全国 275 家甘蔗制糖企业推广应用，全国甘蔗总榨量约为 1.2 亿 t，年产生的经济效益约为 3.2 亿元。

2.3.19.4　市场前景及经济效益

2009 年 10 月，通过中国轻工业联合会组织的科学技术成果鉴定并已推广应用。无核源蔗丝计量系统已获得专利（专利号：ZL 2008 2 0047352.2）。

无核源均匀压榨 DCS 控制系统已在多家糖厂使用，由于本系统控制方案设计合理，大大提高了压榨过程均匀度、设备的安全率和压榨抽出率；系统运行稳定、可靠，控制精度高，蔗渣水分平降低 2%；蔗渣转光度平均降低 0.2，提高了压榨抽出率和提高蔗渣燃烧热值，如能在全国制糖企业推广应用，将产生更大的经济效益和社会效益。

2.3.19.5　联系方式

联系单位：广东省农业科学院

通信地址：广东省广州市石榴岗路 10 号大院

联系电话：020 - 84168023

电子信箱：gdws@ china. com

2.3.20　甘蔗亚硫酸法制糖工艺改良与糖品质量提高关键技术研究

2.3.20.1　技术简介

目前国内制糖企业 90% 以上是采用亚硫酸法工艺生产，虽具有成本相对低廉的特点，但质量指标与国际食糖市场要求相差较远，这一现状对国内制糖业参与国际竞争或是抵御国际市场冲击都极为不利。国内制糖主流工艺在相当长的时间内还不可能发生大的变革，因此，在现有工艺基础上不断进行技术创新，进一步改善和提高产品质量，对国内制糖业有着特殊

重要的意义。该项目研究围绕对传统的亚硫酸法制糖工艺进行改造，形成高效、节能、环保和可循环的新型炼糖工艺，全面提升糖业生产技术水平，提高产品质量，降低生产成本，实现企业节能降耗和清洁生产，提高我国糖业的综合竞争力。主要技术研究内容为：①新型糖浆上浮清净系统的开发与应用；②蔗汁上浮技术；③亚法糖厂糖浆 CO_2 饱充技术；④无滤布真空吸滤机滤清汁快速沉降技术；⑤高效波纹板捕汁器；⑥糖厂热力优化与等压排水技术；⑦制糖过程 DCS 控制技术；⑧无核源蔗丝计量系统；⑨均衡压榨控制系统；⑩制糖生产新型助剂；⑪复合酶制剂在制糖中的应用；⑫糖浆精密过滤技术及设备；⑬糖品检测分析技术与装置；⑭特色糖（高附加值糖品）加工工艺及装备；⑮糖厂低、中浓度废水循环利用及零排放技术。

2.3.20.2　主要技术指标

（1）白砂糖产品二氧化硫含量稳定控制在 15mg/kg 以内。

（2）制糖生产过程实现自动化优化控制。

（3）煮糖工段能耗降低 30%，整个生产过程能耗降低 10% 以上。

（4）制糖生产用水实现全循环利用，零取水，生产废水零排或达标排放。

（5）开发 2～3 种特色糖品种。

2.3.20.3　投资规模

投资 3 500 万元，年经济效益 1.2 亿元。

2.3.20.4　市场前景及经济效益

随着国内白砂糖质量新标准的颁布实施以及人民生活水平和社会整体消费水平的提高，我国食糖市场对白糖质量的要求也明显提高，国内制糖企业掀起了一轮新的狠抓产品质量热潮，必将通过生产管理和技术改造提高产品质量取得了显著的效果。因此，该项目有着十分广阔的推广应用前景。

2.3.20.5　联系方式

联系单位：广州甘蔗糖业研究所

通信地址：广东省广州市海珠区石榴岗路 10 号

联系电话：020 - 84215436

电子信箱：yjkfb@ 126. com

2.3.21　甘蔗制糖副产物资源化利用关键技术研究

2.3.21.1　技术简介

制糖企业目前仍是各产糖国传统的污染源，究其原因，主要是因为糖厂的副产物或废弃物未能得到有效控制和综合利用。我国制糖企业对制糖生产过程产生的甘蔗渣、废糖蜜、滤泥等副产物综合利用率较低，糖蜜发酵工艺技术和糖蜜酒精废液的处理技术与国际有较大的差距。本项目对甘蔗制糖副产物进行多层次高值化开发利用，开辟生物能源与纤维工业资源，以及三废治理与生态良性循环相结合利用模式，对节能减排、环境保护、提高糖厂经济效益和解决蔗区"三农"问题起到非常重要的作用。主要技术内容：①采用细胞固定化技术固定具有多重耐受性的优良酒精酵母菌种，用于糖蜜酒精发酵，结合糖蜜预处理技术和低残糖发酵控制技术，生产效率高，发酵适应能力强。②糖蜜酒精专用杀菌剂可有效保证糖蜜酒精无酸发酵工艺过程的稳定。③采用 DCS 控制差压蒸馏技术和变频控制技术，大大提高生产效率和降低能耗。④糖蜜酒精废醪液烟气浓缩焚烧技术，浓缩焚烧系统内部能量平衡，不需外加热能。⑤糖蜜酒精废液与滤泥混合经生物处理后制备生态肥和动物饲料技术，不仅可以减少 50% 的工业用水，而且可降低 60% 的废醪液排放。⑥甘蔗渣用于制备全生物可降解材料、高性能保水材料、脱色材料、分散剂、膳食纤维和生物质燃料棒，达到高值化利用的目的。⑦滤泥中提取蔗蜡，可用于在化妆品和制药行业。

2.3.21.2　主要技术指标

糖蜜酒精发酵生产能力提高 10% ~30%，能耗降低 10% 左右，成熟醪酒份 10% ~14%，糖蜜酒精废液残糖 1.0% ~1.8%，蔗渣高值化产品 1 ~2

个，蔗渣附加值提高 2 倍以上。工业用水降低 60%，制糖工业副产物达到基本完全利用。

2.3.21.3　投资规模

无。

2.3.21.4　市场前景及经济效益

糖蜜酒精发酵技术及相关产品（固定化酵母和杀菌剂等）已推广到广东省、广西壮族自治区、云南省、海南省、山东省等地糖质原料酒精厂近 100 家、淀粉质等原料发酵酒精厂 20 家以上。深受酒精厂的好评和欢迎，在行业中具有较强综合优势、在国内外同行中享有较高知名度。糖蜜酒精废液与滤泥混合经生物处理后制备生态肥和动物饲料技术已在广西、云南的数十家糖厂得到应用。随着国家环保政策的严格执行和企业对糖厂副产物的综合利用的重视，该项技术具有广阔的市场空间和良好的市场前景。

2.3.21.5　联系方式

联系单位：广州甘蔗糖业研究所

通信地址：广东省广州市海珠区石榴岗路 10 号

联系电话：020 - 84215436

电子信箱：yjkfb@126.com

2.3.22　几丁质酶与几丁质寡糖生产技术

2.3.22.1　技术简介

几丁质（又称甲壳素）化学名称为（1，4）- 2 - 乙酰氨基 - 2 - 脱氧 - β - D - 葡萄糖，它主要存在于水生甲壳类动物、软体动物和节肢动物外壳中，如虾、螃蟹等，其在地球上的含量非常丰富，仅次于纤维素，而它又具有比纤维素更加丰富的功能性质，可广泛应用在医药、化工、食品、环境等许多领域。

几丁质寡糖的研制开发国外走在前列。在国内，它的研究始于 20 世纪 50 年代初，直到 20 世纪 80 年代后才受到重视。我国海洋资源丰富，淡水养殖业发展也相当迅速，因而我国几丁质资源非常富裕。我国虽然在沿海地区有几丁质的生产厂家，但规模小，产品仅限于生产几丁质及其壳聚糖，作为化工及医药等原料出口，环境污染大、附加值低，因此有效利用几丁质资源，生产高附加值的产品，对于防止资源浪费、增加经济效益、提高环境保护等具有重要的意义。

2.3.22.2 主要技术指标

N－乙酰几丁寡糖和壳聚几丁寡糖具有清爽的甜味，有吸湿和保湿性，其在水中溶解度比单糖低，有助于调整食品的水活性，增进保水性，兼具调味和改良食品质构的功能，另外 N－乙酰几丁寡糖可促进肠道内有益菌（Bifidus）的增殖并抑制大肠杆菌及肠道内病原菌的生长，是一种良好的双歧杆菌增殖因子。

在农业方面可用作饲料添加剂，提高动物免疫力，在植物中具有防治植物病虫害、促进植物生长的功能。启动植物防御系统，使其本身处于不易受侵害的生态环境中。同时该寡聚糖具有抗菌、抑菌效果，用该类寡糖做的肥料不利于土壤中病菌和细菌的生长。

在医药工业中，几丁质经酶作用后所产生的寡糖具有抗癌作用，活化机体免疫功能，诱使胰脏淋巴 T 细胞产生 Interleukin，且对生物体无毒性或低毒性。

在化妆品中利用该寡聚糖良好的保湿性可作为保湿乳液、化妆水的原材料，该产品效果与 hyaluronic acid 类似，但成本降低近一半。该产品还可用于发胶中，能保护头发，赋予光泽，具有紫外吸收性，可防止头发受到紫外光的破坏。

由于几丁质的不溶性和壳聚糖的难溶性使其应用受到一定的局限性，特别是在动、植物体启动免疫系统中，因此几丁质寡糖的研制及开发成为国际上对几丁质开发的热点之一。国外已筛选出多种几丁质酶生产菌，并将其分离提纯。该酶的价格极为昂贵，如日本的 chitin T－1 几丁质酶市价为每 50mg 达 20 000 日元。

2.3.22.3 投资规模

无。

2.3.22.4 市场前景及经济效益

目前，N-乙酰几丁质寡糖和几丁质寡糖在国内的研究刚刚起步，由于受专一性水解酶——几丁质酶的限制，几丁质寡糖在国内研究较为缓慢。为此无锡轻工大学进行了多年的研究攻关，现已筛选出一种几丁质酶高活力生产菌。通过以几丁质或壳聚糖为唯一碳源的发酵，或以发酵液提取几丁质酶作用几丁质或壳聚糖底物，均可获得较高寡糖得率和较理想寡糖组分分布，为大规模研究开发、生产高附加值产品——N-乙酰几丁质寡糖和几丁质寡糖提供了保证。

该项目在稳定和进一步提高几丁质酶活力的基础上，加速完善 N-乙酰几丁寡糖和几丁寡糖的生产工艺与设备，根据产品特点着重开发在医药、农业和化工等方面应用的寡糖。

2.3.22.5 联系方式

联系单位：江南大学科技开发服务部

通信地址：江苏省无锡市惠河路 170 号

联系电话：0510-5887668

电子信箱：kfzx@sytu.edu.cn

2.4 棉麻类加工实用技术及装备

2.4.1 亚麻籽系列产品加工技术

2.4.1.1 技术简介

以优质亚麻籽为原料，采用专利技术实现亚麻籽脱皮后进行精制加工，可同时开发亚麻仁、亚麻仁油和亚麻仁酱等系列产品均含有较高的 α-亚麻酸，其中亚麻仁油中 α-亚麻酸的含量达到 60% 左右，是补充 ω-3 多不饱和脂肪酸的佳品。

2.4.1.2　主要技术指标

年加工 1 000t，亚麻籽皮仁分离效率 97%。

2.4.1.3　投资规模

设备投资约 300 万元，流动资金 150 万元。

厂房 300m²，需购置或创制亚麻籽脱皮分离、亚麻仁油（酱）加工等专用设备。

2.4.1.4　市场前景及经济效益

原料成本约 600 万元，加工产品销售收入约 1 000 万元。

2.4.1.5　联系方式

联系单位：山西省农业科学院农产品加工研究所

通信地址：山西省太原市小店区太榆路 185 号

联系电话：0351－7132183

电子信箱：h13015343998@126.com

2.4.2　苎麻生物脱胶

2.4.2.1　技术简介

节能减排，改化学脱胶为生物脱胶。

（1）生物脱胶的推广不需要进行大的设备改造，使用原有的设备和设施，只在发酵时增加供氧量，改造费用低。

（2）采用每天送货上门的方式，保证菌液在包装、运输过程中不变质，不失效。

（3）采用散麻在浸酸池中接种发酵后再装笼的新工艺，增加麻笼的装麻量。干麻装笼时只能装 500kg，接种发酵后再装笼可装 550kg。

2.4.2.2 主要技术指标

每吨精干麻成本下降800元，废水经治理后可达标排放。

2.4.2.3 投资规模

无。

2.4.2.4 市场前景及经济效益

通过对苎麻生物脱胶工艺的推广应用研究，在传统的苎麻脱胶工艺基础上进行了创新，依托原有化学脱胶设备和设施，仅在发酵时增加供氧量，改造费用低；采用散麻在原浸酸池中接种发酵后再装笼的新工艺，增加了麻笼的装麻量；装笼后用煮炼废水进行菌灭活；综合节水50%以上，节能30%以上，减少化工料60%以上，污染物产生量减少50%以上；降低了脱胶成本，提高了精干麻制成率和品质。采用厌氧处理工艺为主的技术，污水排放达到国家《污水综合排放标准》一级要求。

2.4.2.5 联系方式

联系单位：湖南明星麻业股份有限公司

通信地址：湖南省沅江市枫树汊路18号

联　系　人：李坤

联系电话：575 - 84299309

电子信箱：sleds@ sohu. com

2.4.3 亚麻仁综合加工技术

2.4.3.1 技术简介

已开发出亚麻籽脱皮专用设备，可实现亚麻高附加值综合利用。山西省常年种植面积在8万 hm² 左右，约占全国面积的1/5。技术集成推广将使不可多得的亚麻资源实现高效利用，在推动加工产品升级的同时促进产业升级，大幅度提高农民种植收益，为促进产区农村经济发展做出积极的贡献。

2.4.3.2　主要技术指标

通过技术示范与推广，新增胡麻籽加工量 1 万 t，增值 6~8 倍。

2.4.3.3　投资规模

无。

2.4.3.4　市场前景及经济效益

已取得相关国家发明专利授权 2 项，鉴定科技成果 3 项。

2.4.3.5　联系方式

联系单位：中国农业科学院作物科学研究所

通信地址：北京市海淀区学院南路 80 号

联系电话：010-62156596

电子信箱：renguixing@caas.net.cn

2.4.4　苎麻生物脱胶产业化技术转移推广

2.4.4.1　技术简介

苎麻生物脱胶技术是在低温（35~45℃）常压下进行，不用酸浸，不用碱煮，也不用液氯和酸漂洗，只有少量的液碱调节 pH 值，用消毒剂对酶发酵的容器消毒，因此化工料比化学脱胶减少 90%，综合能源下降 38.85%，吨精干麻耗水量由 750m³ 下降到 350m³，污水中所含无机和有机污染物分别减少 90% 和 60%，吨精干麻产生的 CODcr 由 370kg 下降到 160kg。纤维的特性没有受到破坏，纤维柔软，弹性好，纺纱性能好，同时纤维在脱胶过程中的损失少，可提高制成率 3~4 个百分点。

2.4.4.2　主要技术指标

年产 1 000t 酶制剂及苎麻等韧皮纤维生物脱胶精干麻 20 000t/年，可年加工苎麻 33 000t，正常年含税销售收入 30 000 万元。

2.4.4.3 投资规模

在产业集群地，依托龙头企业需增加生物脱胶菌的扩培装置，造价与流动资产投资在1 000万元。对原有的麻类化学脱胶企业进行生物脱胶技术改造。不需新增厂房、设备，改造费用很低。

2.4.4.4 市场前景及经济效益

（1）纤维的可纺性能提高，生物脱胶的精干麻纤维有部分转曲，摩擦系数增加，这为梳纺工艺和成纱质量提供了一个较好的条件，亦即可纺性能和纱、布质量有很大的提高。

（2）节能明显，吨精干麻用水可控制在350m³以下，吨精干麻用水量减少400m³。生物脱胶不需高温高压煮炼，用汽量减少，吨精干麻用蒸汽比化学脱胶减少4t。

（3）减排效果好，一是用水量大为减少，采用了废水回用的综合措施，吨精干麻废水排放量只有300m³，二是废水中有害物大为下降，生物脱胶接种水的CODcr浓度为2 400~3 200mg/L，而化学脱胶的一煮高浓度废水的CODcr达到12 000~20 000mg/L，生物脱胶吨精干麻产生的CODcr为160kg，化学脱胶吨精干麻产生的CODcr为370kg，在相同生产能力的情况下，产生的CODcr减少56.76%。三是污水色度下降，外排废水色度仅为10倍多。四是污水治理难度下降，通过厌氧、好氧、混凝沉淀和氧化塘的生化氧化治理，可以达标排放。

（4）降低了成本，生物脱胶吨精干麻可减少直接成本839元。

2.4.4.5 联系方式

联系单位：湖南明星麻业股份有限公司

通信地址：湖南省沅江市枫树汉路18号

联系电话：0737 – 2812015

电子信箱：Lxg902@ vip. 163. com

2.4.5 蚕桑副产品生物转化食品技术的开发和推广

2.4.5.1 技术简介

江苏老蚕坊蚕桑生物科技开发有限公司——蚕桑副产品深度开发与利用产品系列（图1）。

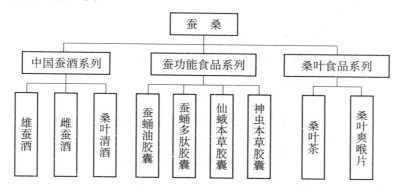

图1 蚕桑副产品深度开发与利用产品系列

2.4.5.2 主要技术指标

蚕桑深加工生物转化食品加工项目是为迎合金融危机下国家"东桑西移"的规划进行了蚕桑综合开发利用，研发了蚕酒、龙凤伴侣酒、虫草酒、桑椹干红、桑叶清酒等保健酒系列和蚕蛹胶囊、桑叶茶、桑果汁等4大系列16个带有海安茧丝绸之乡特色、国际领先国内空白的无公害产地农食产品，并已申报了6项发明专利，该项目已填补国内外蚕桑副产品开发的空白，其技术在世界上处于领先地位，并以"公司＋协会＋蚕农种养基地"为经营体系，打破传统丝绸产业受制于国际行情影响和低附加值的人力成本的怪圈，提升产品的高附加值，加速传统丝绸产业向高新技术产业转变。

2.4.5.3 投资规模

整体基建加设备投入8 000万元左右，加工能力三大系列各能达500万盒（瓶）的生产能力，能带动近10万亩桑田的蚕桑及副产品原料及需求，近八万蚕农的的创收，每亩可以间接增收1 500～3 000元的收入，直接带动蚕农近 1.5 亿～3 亿元的收入。

2.4.5.4 市场前景及经济效益

目前系列产品已大举进入全国连锁华润苏果、世纪联华、文峰等大型卖场及江苏省、浙江省和上海市等市场，销售情况比较看好。

2.4.5.5 联系方式

联系单位：江苏老蚕坊蚕桑生物科技开发公司

通信地址：江苏省海安县开发区洋蛮河工业园

联系电话：0513－88362444

2.4.6 工厂化条件下龙须草/红麻韧皮生物制浆工艺

2.4.6.1 技术简介

该项成果是中国农业科学院麻类研究所承担国家"863"计划课题（课题编号：2001AA214181）而形成的中国发明专利技术。该发明在国内外草本纤维加工行业率先采用"高效生物制剂"，在现有生产条件发明了"工厂化条件下龙须草/红麻韧皮生物制浆工艺"。

2.4.6.2 主要技术指标

技术路线为：菌种活化→草料接种→湿润发酵（包括酶处理）→热水清洗→稀碱脱壳→打浆（或喷浆）→筛浆→洗浆→漂白→磨浆→制成浆板（产品）。该发明的特征①在粗犷条件下对精制包装的生物制剂活化 5～7h，其活化态菌体数量可以达到（6～9）$\times 10^9$/ml；②将活化态菌体接种到草本植物纤维材料上发酵 5～8h，就能分泌出果胶酶、甘露聚糖酶和木聚糖酶等非纤维素物质降解酶类，这些酶可以在同一条件下完成草本纤维材料中大部分非纤维素的降解；③一旦草料变成蓝色就可以结束发酵过程；④采用常规化学方法 20% 左右的烧碱在低于 120℃ 的温度条件下蒸煮 1.5h 就可以完成脱壳的要求，再经过打浆（或喷浆）、筛浆、洗浆、漂白、磨浆等程序制成成品纸浆。其中，红麻韧皮浆的品质指标优于针叶木浆；龙须草浆的品质指标优于阔叶木浆。与常规化学制浆方法比较，应用"高效生物制剂"龙须草和红麻韧皮制浆表现出：动力能耗减少 30%，每吨纸浆的工厂成本降低 1 000 元以上，有机和无机污染物的排放量分别减轻 40% 和 70% 以上。

2.4.6.3 投资规模

无。

2.4.6.4 市场前景及经济效益

该发明已经完成了工厂化条件下的实施过程，并获得 98% 以上的成功率。伴随全球石油、森林资源的日益短缺和人类生活质量的不断提高，加速草本纤维资源开发利用业已成为世界各国的重大课题，因此，该项成果的产业化前景十分广阔。

2.4.6.5 联系方式

联系单位：中国农业科学院麻类研究所

通信地址：湖南省长沙市银盆南路 66 号

联系电话：0731 - 8867246

电子信箱：ibfclzc@ public. cs. cn

3 水产品加工技术

3.1 概述

3.1.1 加工行业现状

中国是世界第一水产养殖大国和第一水产贸易大国，水产品产量占世界总产量1/3左右，自1989年以来，一直位居世界首位。2014年，我国水产品总量达到6 462万t。人均占有量为47.97kg，是世界平均水平的两倍，这不仅解决了城乡"吃鱼难"问题，也为保障国家粮食安全做出了重要贡献。

水产品加工，狭义的解释为对水产品进行处理的加工技术和加工工艺，以达到在水产品流通与消费时，保持产品的鲜度、营养、食品安全及其他用途；广义的解释包括冷藏运输、包装装潢、综合利用及环境保护。水产品的种类主要有鱼类、虾类、蟹类、贝类、头足类、藻类等，此外还有腔肠动物、赖皮动物、两栖动物和爬行动物中的一些种类。水产品加工品种主要包括水产冷冻品、干制品、腌制品、熏制品、罐头制品、鱼糜制品，另外还有藻类加工品、水产饲料（鱼粉）、鱼油制品、助剂和添加剂、珍珠加工品、高级营养和保健药品及其他水产加工品。相应的水产品加工工艺有冷冻、冷藏、冻结、冻藏、干燥、腌制、熏制等。

2014年，全国规模以上水产品加工业企业数量为2 127家，占规模以上农产品加工业企业数量的2.81%，累计完成主营业务收入5 182.23亿元，同比增长5.27%，累计实现利润总额281.90亿元，同比增长0.26%，其中，水产品冷冻加工企业1 408家，占规模以上水产品加工业企业数量的66.20%，冷冻水产品产量8 575 687t；鱼糜制品及水产品干腌制加工企业360家，占规模以上水产品加工业企业数量的16.93%；水产饲料制造企业

180 家，占规模以上水产品加工业企业数量的 8.46%；鱼油提取及制品制造企业 11 家，占规模以上水产品加工业企业数量的 0.52%；其他水产品企业 126 家，占规模以上水产品加工业企业数量的 5.92%；水产品罐头制造企业 42 家，占规模以上水产品加工业企业数量的 1.97%。分规模看，大型企业 72 家，占全部规模以上水产品加工业企业的 3.39%；中型企业 418 家，占 19.65%；小型企业 1 637 家，占 76.96%。因此，从企业规模看，水产品加工业企业绝大部分是小微企业。从投资类型看，水产品加工业企业绝大部分是私营企业。

2014 年，全国水产品加工商品累计进出口总额为 178.26 亿美元，同比增长 10.91%；累计进出口总量为 551.72 万 t，同比增长 3.94%。

中国是世界第一"渔业大国"，但不是"渔业强国"。以 2013 年为例，我国水产品总量为 6 172 万 t，但用于加工的水产品总量只有 2 169 万 t，约占总产量的 1/3。水产加工品的总量 1 954 万 t，其中淡水加工产品363 万 t，海水加工产品 1 591 万 t，淡水鱼加工量仅占加工总量的 17%。海水加工产品中，冷冻品占 1 230 万 t，鱼糜制品 133 万 t，干腌制品 158 万 t，藻类 99 万 t，罐头制品 37 万 t。基本是以冷冻品的粗加工为主。世界渔业发达国家的水产品近 75% 是经加工后销售的，且以高质量、高附加值的水产品居多，因此我国水产品加工产业发展空间巨大。

3.1.2　加工技术发展趋势

目前，我国水产品加工面临的问题是加工比例（率）低，高附加值产品少；关键技术未能突破，技术关联度低；加工技术含量低，工艺落后；缺乏加工标准。水产品加工产业链是除养殖和捕捞外，渔业产业的第三个主要产业价值链，从水产品加工产业链整体来看，每个环节并不是独立存在的，每个水产企业与水产加工产业链的关系是点和线之间的关系。同时随着市场范围扩大，分工和专业化程度不断提高，需要对水产品加工产业链各要素进行整合，进一步延伸产业链，调整水产品产业结构，提高整个产业链的运行效率和效益。其中，腌干鱼类制品是传统美味的水产加工品，

如何使其更具食用安全性、满足现代人的需求、能更好地在国内外市场流通成为未来加工技术发展的趋势。传统腌干鱼类制品迫切需解决的关键技术有腌干鱼制品中有害物质如亚硝基化合物、生物胺、脂质氧化等控制技术；传统工艺技术的革新，实现工业化生产；腌干鱼类制品品质评价技术。通过革新传统的腌干鱼类制品生产技术，建立工业化、连续式、规范化的腌干鱼类制品生产工艺技术，使腌干鱼类产品高风味、低亚硝基，高安全性，品质保证，促进产业的健康发展。

3.2 水产品加工实用技术及装备

3.2.1 低值淡水鱼综合利用技术

3.2.1.1 技术简介

鳙鱼是我国主要的淡水经济鱼类，与青鱼、草鱼、鲢鱼一起合称为我国四大家鱼。水产食品营养丰富，味道鲜美，并具有低脂肪，高蛋白，营养平衡性好的特点，深受人们的喜爱，成为人们摄取动物性蛋白质的重要来源之一，并且是合理膳食结构中不可缺少的重要组成部分。本项目通过食品高新技术，利用鳙鱼的肉加工干制成香脆鱼片，使水产品原料具有保藏性，美味可口；对废弃物，通过生物技术加工提取成氨基酸口服液，利用鱼体内脏加工成猫宠物食品。

3.2.1.2 主要技术指标

（1）香脆鱼片的加工。鱼背脊上的肉，原料利用率仅为30%左右，采用适当的工艺，经脱腥处理，特殊工艺脆化，可加工成具有补钙及其他微量元素功能的休闲保健食品（表1）。

表1 香脆鱼片的质量标准指标

项目	蛋白质	脂肪	矿物质	水分
指标	66.08%	1.6%	22.8%	7.0%

（2）淡水鱼加工下脚料的综合利用。上述废弃物经过生物技术处理，先加工成氨基酸口服液（表2），余下的内脏经合理配方，加工成宠物食品猫粮（表3）。

表2 氨基酸口服液的质量指标

项 目	指标
蛋白质	9.9～39.5mg/ml
总氨基酸	8.3～33.2mg/ml
必需氨基酸	2.8～11.2mg/ml
可溶性固形物	8.25%
细菌总数	≤10个/ml

表3 猫宠物食品的质量指标

项目	蛋白质	脂肪	矿物质	水分
指标	8.01%	6.52%	2.62%	58.56%

3.2.1.3 投资规模

主要设备：杀菌设备、微波炉、反应罐、水解罐和离心机等。

固定总投资：50万～100万元。

厂房面积：200m²。

3.2.1.4 市场前景及经济效益

我国是世界渔业大国，水产品年产量1999年已达4100万t，其中淡水鱼约占总产量的1/2，连续多年居世界首位。随着现代社会人们生活节奏的加快，饮食时间逐渐缩短，又香又脆无腥味营养丰富的鱼片必将愈来愈受到消费者的青睐。与此同时，保健意识已深入人心，无法进食病人已不满足仅仅依靠葡萄糖提供能量，而希望补充一些营养液；此类产品也会引起体弱多病、消化不良人群的兴趣。因此，开发必需氨基酸含量高且价格低廉的氨基酸口服液，将有非常广阔的市场前景。鱼肝脏营养丰富，富含各种维生素和微量元素，作为猫的食物的配料，具有很好的营养价值和经济价值。随着人们生活水平的提高，人们对宠物的饮食会越来越关注，开发适口性好、营养丰富且价格低廉的猫粮是社会发展的趋势。此外，开展淡水鱼的综合利用，尤其是废弃物的加工，不仅解决了淡水鱼"压塘"和"卖鱼难"的现象，更重要的是为这些废弃物或低值资源大幅度升值找到一个新的突破口，为当地经济形成一个新的经济增长点。

3.2.1.5　联系方式

联系单位：江南大学科技开发服务部

通信地址：江苏省无锡市惠河路 170 号

联系电话：0510 - 5887668

电子信箱：kfzx@ sytu. edu. cn

3.2.2　低值水产品加工及综合利用技术

3.2.2.1　技术简介

低值水产品市场价格远远低于经济鱼类，但营养价值并不逊色，因而蕴藏着巨大的增值潜力。据统计 2010 年浙江省象山港水产品总产量将达到 103.5 万 t，其中，低值水产品占海洋捕捞产量的 29%。低值水产品由于价格低廉，在开发加工上有着广阔的前景。在水产品生产加工中，低值水产品和下脚料没有很好利用，不仅造成了资源浪费，而且严重污染环境，已成为水产品加工及综合利用的一个紧迫问题，制约着水产品产业的发展。本项目在传统水产品保鲜加工技术的基础上，应用食品加工新技术将低值水产品综合利用，开发高附加值的食品，既解决水产品加工的污染问题，又提高了下脚料的附加值。对于促进水产加工业的生态平衡和经济发展具有重要意义。

3.2.2.2　主要技术指标

（1）应用嫩化、酶解、重组、超声波、微波等现代食品加工技术，结合配套生产设备的应用，将低值水产品加工开发休闲食品（重组虾粒）、虾酱、速冻虾鱼丸产品等调理食品，解决低值虾销路问题，增加渔民收入。

（2）应用提取分离技术在水产品废料（鳗骨、鱼骨）中，开发出富钙和软骨素等保健产品投放市场。

（3）采用复合酶技术对低值鱼类进行多级降解，经真空浓缩、高温瞬

间喷粉等过程，生产出广泛应用于食品、饲料行业的添加剂。

（4）建立废料水解生产线 1 条，加工水产废弃物 10 000t。

（5）产品菌落总数 ≤1 000cfu/g。大肠菌群（MPN/100g）≤30；保质期 12 个月。

3.2.2.3　投资规模

计划投资 700 万元，预计推广企业新增经济效益 3 500 万元以上。

（1）重组虾年生产 200t，按每吨 10 万元销售价计算，销量总收入为 2 000 万元。

（2）生产水产废弃物 10 000t，废料浓缩液 200t，按每吨 5 万元销售价计算，销量总收入为 1 000 万元。

（3）生产营养补钙类（鳗骨、鱼骨）新产品 50t，按每吨 10 万元销售价计算，销量总收入为 500 万元。

3.2.2.4　市场前景及经济效益

利用低值水产品便宜的价格优势，降低新产品重组虾粒的生产成本；补钙和软骨素等新产品投放市场，提高产品附加值；低值鱼类水解产物可以广泛应用于食品、饲料的添加剂的加工。因此，市场前景看好。该项目通过中试与小规模生产，需要进一步成果转化推广，预计推广企业新增经济效益 3 500 万元以上。

3.2.2.5　联系方式

联系单位：浙江万里学院

通信地址：浙江省宁波市钱湖南路 8 号

联系电话：0574－88222015；0574－88222248

电子信箱：yanghua@zwu.edu.cn

3.2.3　鱼皮水解蛋白粉生产技术

3.2.3.1　技术简介

近年来，随着海洋和路地鱼类养殖业的迅速发展以及与鱼类加工业的不断扩大，加工后废弃的鱼皮、鱼肉及鱼骨等愈来愈多，目前大多作为一般饲料添加剂和农用肥料使用，很大程度上造成蛋白资源的浪费。本生产工艺的宗旨是利用加工后的废弃鱼皮、鱼肉及鱼骨等为原料，经水煮和酶解后加工成全水溶性蛋白粉。鱼肉水解蛋白营养价值高，除了作为机体所需的蛋白源外，还具有延年益寿，提高人体智力等功能。

3.2.3.2 主要技术指标（表4）

表4 鱼皮水解蛋白粉生产技术指标之一

项目	指标
感官指标	白色粉末状固体，有淡淡的海腥味
溶解性	极易溶解于水
蛋白质含量	≥95%
水分	≤4%
灰分	≤3%
重金属（以Pb计）	≤10mg/kg
细菌总数	≤5 000个/g
致病菌	不得检出

3.2.3.3 投资规模

厂房面积（按100t/年）300m² 折合人民币18万元（表5）。所需设备及投资145万元。

表5 鱼皮水解蛋白粉生产技术指标之二

设备名称	型号	数量	金额（万元）
水解反应斧	Q2T	3	30
浓缩设备	ZN-2000	1	30
过滤设备	XAYZB	2	20
喷雾干燥设备	LPG-150	1	20
包装和其他辅助设备	DZ400-4SD	2	20
蒸汽锅炉	DZL1-0.69-Ⅲ	1	20
洗涤设备	D2000 H1600	2	5
合计			145

3.2.3.4　市场前景及经济效益

充分利用低值鱼类和鱼类加工的副产品生产水溶性鱼肉蛋白粉，并进一步开发成高附加值的产品，满足市场需要，可创造良好的经济效益和社会效益，有重要的现实意义。现以青岛地区为例，每年进口鳕鱼5万t，鱼皮约占3%为1 500t。鱼皮原料价格为800元/t，每天用鱼皮5t，每年按200个生产日计算共用1 000t鱼皮。若鱼肉水解蛋白粉得率按10%计算，每年可生产100t。鱼肉水解蛋白粉销售价格按40 000元/t计算，可产生经济效益400万元。

3.2.3.5　联系方式

联系单位：中国海洋大学海洋生命学院

通信地址：山东省青岛市鱼山路5号

联系电话：0532－2032586

电子信箱：liucs@ mail. ouc. edu. cn；xgchen@ mail. ouc. edu. cn

3.2.4　鱼皮明胶生产制备技术

3.2.4.1　技术简介

我国用于生产明胶的原料，主要是猪、牛的皮和骨等结缔组织，但由于原料来源不足以及涨价因素，明胶的供应量远远不能满足经济发展的需要。利用水产动物组织生产明胶，美国、英国、日本、印度和一些欧洲国家均有生产，其中，美国的鲨皮胶和鲨鳍胶、日本鲸骨胶是闻名于全球的产品。在我国仅有极少量的鱼鳔胶和鱼鳞胶。近年来，鳕鱼产量上升，加工后废弃的鳕鱼皮大多用来加工鱼粉和用作农肥，利用价值很低。据统计，青岛地区每年进口鳕鱼大约5万t，其中鱼皮约占3%为1 500t。该项目利用这些鱼皮，研究出合理可行的生产工艺，并扩大到中试生产规模。在此基础上，探索鱼明胶的应用和开发。这对开辟胶源，满足市场需要，创造良好经济效益和社会效益，有重要意义。

3.2.4.2 主要技术指标（表6）

表6 鱼皮明胶生产制备主要技术指标

项目	指标
感官指标	白色粉末状固体，易溶于水，无臭、无味
明胶含量	≥90%
水分	≤10%
灰分	≤5%
重金属（以 Pb 计）	≤2.0 mg/kg
砷（以 As 计）	≤0.5 mg/kg
大肠菌群	≤30 个/100g
致病菌	不得检出
霉菌总数	≤50 个/g

3.2.4.3 投资规模

厂房 300m²，预计投资 24 万元；设备投资 120 万元。

3.2.4.4 市场前景及经济效益

目前，生产明胶的原料短缺，优质明胶供不应求，价格不断上涨。而利用皮生产明胶，不仅原材料相当丰富，价格便宜，而且产品质量好，具有较高的经济效益和良好的社会效益。按每天生产 0.5t 明胶，年生产 300d，成本为 5 元/kg，售价为 40 元/kg，年毛利润为 525 万元。鳕鱼皮原料价格为 800 元/t，每天用鱼皮 5t，每年按 200 个生产日计算共用 1 000t 鱼皮。若鱼皮明胶得率按 10% 计算，每年可生产 100t。每吨鱼皮明胶销售价格按 40 000 元/t 计算，可产生经济效益 400 万元。

3.2.4.5 联系方式

联系单位：中国海洋大学生命学院

通信地址：山东省青岛市鱼山路 5 号

联系电话：0532 - 2032586

电子信箱：liucs@ mail. ouc. edu. cn、xgchen@ mail. ouc. edu. cn

3.2.5 废弃的虾、蟹壳制备保健食品的功效原料

3.2.5.1 技术简介

甲壳素有纤维素所没有的特性，是目前世界上唯一含阳离子的可食性动物纤维。虾、蟹壳等海产品加工的废弃物，经过化学经过化学或生化处理后生成溶于稀酸的物质——甲壳素和衍生物聚糖，可以应用在工业领域（如取代塑料）、农业领域（不需要农药的肥料），化妆品领域（调整皮肤等）、医药、膜材料和其他环保、健康领域。经过 20 余年的不断研究与临床实验发现，甲壳素及其衍生物既可抑制癌症、肝病、糖尿病，降低胆固醇，又有增强人体免疫力，防止老化等一系列神奇功效。由于其巨大的经济价值，在国内外已广泛地应用于医药、食品、工业等各个领域。本项目通过先进工艺，制备甲壳素及其衍生物（壳聚糖、壳寡糖、氨基葡萄糖），具有巨大的市场前景和商业价值。

3.2.5.2 主要技术指标

所用原料符合中国卫生部关于食品添加剂的标准，产品的卫生指标、理化指标、功效成分指标和安全性等均符合卫生部关于食品添加剂的相关要求。

3.2.5.3 投资规模

规模：200 万 ~ 400 万元。

条件：厂房面积 1 000 ~ 2 000 m^2，年产量可达到 500t。

3.2.5.4 市场前景及经济效益

具有巨大的市场前景和商业价值。

3.2.5.5 联系方式

联系单位：四川大学科技处

通信地址：四川省成都市一环路南一段 24 号

联系电话：028 - 85406692

电子信箱：kjc3@scu.edu.cn

3.2.6 冷冻大闸蟹系列调理食品的开发技术

3.2.6.1 技术简介

江苏省是久负盛名的大闸蟹的主产地。近年来，随着水产养殖结构的调整与优化和养殖技术的发展，大闸蟹的养殖迅速崛起，已经成为我省的主要水产养殖品种。随着大闸蟹产量的急剧上升，由于受上市季节性强和运输流通等条件的限制，导致部分地区出现了大闸蟹养殖丰产不丰收的尴尬局面。而目前我国的大闸蟹主要还是以鲜活形式销售，大闸蟹的加工业开发程度还相当低，深加工仅刚刚起步。

冷冻保藏是目前食品工业的一项重要技术，由于冷冻食品具有安全、营养、方便等特点，适应现代生活节奏的需要。水产冷冻食品按对原料的前处理方式可分为生鲜水产冷冻食品和调理水产冷冻食品两大类。生鲜水产冷冻食品是仅对原料进行形态处理的初级加工品；而调理水产冷冻食品是指烹调、预制的水产冷冻食品。

常规冷冻会导致大闸蟹的质构与风味的改变，如冷冻后再加热会出现的肌肉组织严重脱水，汁液流失厉害，导致口感变差；同时大闸蟹的特征性风味变弱，而"过热味"、氨味和腥味等不良风味加重现象。

该发明优点是：采用添加保水剂、抗氧化剂、速冻和真空包装等技术的联合使用，解决了常规冷冻会导致大闸蟹的质构与风味的改变，如冷冻后再加热会出现的肌肉组织严重脱水，汁液流失厉害，导致口感变差；以及大闸蟹的特征性风味变弱，而"过热味"、氨味和腥味等不良风味加重现象，使用本技术生产的冷冻大闸蟹调理食品基本保持了大闸蟹的细嫩质构和特殊风味。同时开发出冷冻原味大闸蟹、香辣蟹、蟹软罐头等系列蟹调理食品。本技术对于提高大闸蟹养殖和深加工、增加农民收入和城市就业，开拓国内外市场等方面都是十分有利的。

3.2.6.2 主要技术指标

工艺步骤依次如下。

（1）包扎、清洗：挑选鲜活的大闸蟹，将其包扎后清洗干净。

（2）蒸煮：将清洗干净的大闸蟹放入预先配制好的溶液中蒸煮。

（3）浸泡：将蒸煮后的大闸蟹浸泡。

（4）速冻：将浸泡后的大闸蟹进行速冻。

（5）包装与冻藏：将大闸蟹真空包装后的成品在 −18℃下贮藏。

3.2.6.3　投资规模

设备投资一般在 500 万～1 000 万元（设备可通用）；电力 40kW 左右；厂房 400m²；建厂期 5 个月，投资回收期 3～5 年。特别适合于已有速冻生产线的企业，仅需再少量设备投资就可以生产；或者在大闸蟹丰收的高峰期（每年的 10—11 月），采用租用速冻生产线进行生产。原料价格：30 元/kg；产品售价：50 元/kg 以上。

3.2.6.4　市场前景及经济效益

蟹自古以来一直都是深受我国人民所喜欢的美味食品，香辣蟹等菜肴更是风靡大江南北，但由于河蟹的成熟期集中在中秋时节，季节性强，而采用本技术，可以消除地区和季节上的限制，全国各地都一年四季都可以品尝到美味的蟹制品，因此，此项技术的应用前景非常广阔，经济效益十分显著。

3.2.6.5　联系方式

联系单位：江南大学科技开发服务部

通信地址：江苏省无锡市惠河路 170 号

联系电话：0510 − 5887668

电子信箱：kfzx@ sytu. edu. cn

3.2.7　贝类综合加工技术

3.2.7.1　技术简介

贝类是我国重要的水产品之一，在我国有着悠久的养殖历史。已经形成规模养殖的经济贝类有近 20 种，含有丰富的蛋白质、脂肪、糖类、铁、铜、碘、钾、钠、钙、磷等矿物质和丰富的多糖、多肽、甾醇、皂苷、萜类、不饱和脂肪酸等多种生理活性物质，具有较高的营养价值。将贝类肉体部分加工成口味各异的即食产品，同时，从下脚料中提取多糖等生理活性物质，提纯精制，加工成高档的功能系列产品，实现贝类的综合加工，具有丰厚的经济效益和社会效益。

3.2.7.2　主要技术指标

该项目已经从贻贝、肚脐螺等多种贝中提取了多糖，并申报国家发明专利 2 项（200510047411.7；200510047412.1），技术处于国内领先水平。

3.2.7.3　投资规模

以一个年生产能力 20t 的工厂为例，厂房占地面积范围在 1 000 ~ 2 000m^2，设备投资在 500 万 ~ 1 000 万元。

3.2.7.4　市场前景及经济效益

预计经济效益大约 8 000 万元。

3.2.7.5　联系方式

联系单位：大连工业大学

通信地址：辽宁省大连市甘井子区轻工苑 1 号

联系电话：0411 - 86323287

电子信箱：zhubeiwei@163.com

3.2.8　杂色蛤的综合加工技术

3.2.8.1　技术简介

杂色蛤是一种很有营养价值的海产品，是海洋中高蛋白、低脂肪、高钙的海洋生物之一，并且含有的蛋白质为完全蛋白，不仅具有丰富的营养价值，而且还有出色的药用价值。现代研究表明，杂色蛤含有的多糖具有抗癌作用和免疫调节功能，是药食俱佳之物。因此杂色蛤的医药保

健价值具有良好的开发利用前景。目前，随着杂色蛤养殖技术的完善和发展，养殖产量剧增，全国的杂色蛤产量可达 10 000t。市场上杂色蛤是以冻干和鲜食为主，产品的种类单一，寻找有效的加工方法，将新鲜杂色蛤加工成方便食品、调味品和功能性食品，已经成为杂色蛤加工的趋势。

3.2.8.2　主要技术指标

此项目将杂色蛤加工成方便产品，最大限度的保持杂色蛤外形的完整性及杂色蛤的营养成分；采用食品高新技术生产绿色食品添加剂；采用自溶酶技术与双菌种协同发酵技术、生香技术结合生产海洋功能型调味汁；并利用食品技术将杂色蛤的壳加工成活性离子钙高档功能食品。

3.2.8.3　投资规模

以一个年生产能力 20t 的工厂为例，厂房占地面积范围在 1 000 ~ 2 000m^2，设备投资在 500 万 ~ 1 000 万元。

3.2.8.4　市场前景及经济效益

具有明显的经济效益，大约 8 000 万元。

3.2.8.5　联系方式

联系单位：大连工业大学

通信地址：辽宁省大连市甘井子区轻工苑 1 号

联系电话：0411 – 86323287

电子信箱：zhubeiwei@163.com

3.2.9　海参精深加工技术

3.2.9.1　技术简介

海参是海珍八品之一，与燕窝、鱼翅齐名。目前我国海参加工品主要以盐干法加工的干海参和盐渍法加工的盐渍海参为主，既损失原有风味，又丢失营养成分。本成果在对海参主要品种刺参的生化特性和营养学特性

进行系统研究的基础上，建立海参的质量评价体系，开发海参产品的快速鉴别技术及热泵干燥技术、海参胶原蛋白生物交联技术、即食海参的杀菌技术、海参保鲜技术等关键技术。开发出了海参的热泵干燥新工艺，并进行了中试生产，新工艺加工的海参干制品的复水性与复水速率与冷冻干燥海参相当，营养成分损失少，干燥成本降低 50% 以上。本技术已获得国家发明专利 1 项。

3.2.9.2 主要技术指标

利用热泵干燥技术加工干海参，能耗低，海参营养成分损失少；利用生物交联技术实现海参胶原蛋白的交联，保持即食海参在贮藏过程中的质构稳定性。利用分子生物学技术鉴别海参产品的真伪，准确、快速、简便。

3.2.9.3 投资规模

适用于沿海海参养殖地区的海参精深加工企业。主要生产设备热泵干燥设备、超高压处理设备、气调包装设备等。

3.2.9.4 市场前景及经济效益

山东省鲜刺参的年产量已接近 6 万 t，海参养殖收入占全省养殖总收入的 30% 以上，已成为山东省海水业的支柱产业。鲜海参经过高新技术加工后，开发出即食海参、新型干燥海参和海参蛋白肽等高附加值产品，可使海参增值 5 倍以上，以山东省的养殖海参的精深加工率达到 30% 计，则海参精深加工品的产值达到 100 亿元以上，增值 30 亿元以上，同时可使渔民养殖户增收 5 亿元以上，具有显著的经济效益和社会效益。

3.2.9.5 联系方式

联系单位：中国海洋大学

通信地址：山东省青岛市崂山区松岭路 238 号

联系电话：0532 - 82032468

电子邮箱：wflong@ ouc. edu. cn

3.2.10　海带饮料制备技术

3.2.10.1　技术简介

　　海带是一种褐藻，营养价值很高，富含多糖类藻胶酸和昆布素、甘露醇、无机盐。海带饮料是以鲜海带为原料，采用科学先进的工艺技术制作而成，最大限度地保留了海带的多种营养成分，口感舒适，老少饮用皆宜。

　　海带自古就被认为是一种防病健体的长寿食品。据医学专著《本草纲目》等记载，具有"泄水去湿、破积软坚、清热利水、治气臌水胀、瘰疬瘿瘤、颓疝恶疮"等功效。现代医学研究证明：海带具有降血压、治疗甲状腺功能亢进、平喘镇咳、抑制肿瘤的作用。能减轻核辐射和放射性元素 Sr 对机体的影响。对危害机体的铅、汞、镉等重金属离子有螯合排除体外的作用。化学分析表明：海带中含有丰富的褐藻酸、硫酸黏多糖、甘露醇、有机碘等有益于人体健康的活性物质。

3.2.10.2　主要技术指标

　　每瓶饮料成分含量（以 200ml 计）：褐藻酸 $\geq$ 10g；甘露醇 $\geq$ 0.2g；有机碘 $\geq$ 100μg。

3.2.10.3　投资规模

　　厂房：600m^2，48 万元；所需设备及投资 269 万元（表7）：

表7　海带饮料制备主要技术指标

设备名称	型号	数量	金额（万元）
高压反应斧	Q2T	3	30
浓缩设备	ZN-2000	1	30
过滤设备	XAYZB	2	20
脱腥设备	LPG-150	1	20
包装设备	—	1	120
蒸汽锅炉	DZL1-0.69-Ⅲ	1	20
洗涤设备	D2000 H1600	2	5
灭菌设备	—	4	4
其他辅助设备	—	20	20
合计			269

3.2.10.4 市场前景及经济效益

常饮海带饮料，能减轻环境对机体的污染，补充机体所需的有益物质，防病健体，延年益寿。由此可见，生产海带饮料具有较好的社会效益。按每年生产 600t 饮料，每年按 200 个生产日计算，原料成本 100 万元，每瓶海带饮料 200ml，即每天生产 10 000 瓶。按每年生产 300d 计算，即 1 年生产 300 万瓶。产品价格按 2 元/瓶估算，年毛利税为约 500 万元。

3.2.10.5 联系方式

联系单位：中国海洋大学海洋生命学院

通信地址：山东省青岛市鱼山路 5 号

联系电话：0532－2032586

电子信箱：liucs@ mail. ouc. edu. cn；xgchen@ mail. ouc. edu. cn

3.2.11 海参酶解液系列产品加工技术

3.2.11.1 技术简介

海参是一种自溶能力极强的海洋生物，在一定的外界条件刺激下，经过表皮破坏、吐肠、溶解等过程，可以将自身完全降解，长期以来，自溶严重制约和困扰海洋生物的深加工。该项目是充分利用海参本体酶系，采用生物技术，获得海参肽，提高海参蛋白的消化吸收率；采用微生物发酵及微胶囊技术去除和掩盖腥臭味；利用食品高新技术中的冻干工艺，最大限度地减少营养素的损失，最终开发出具有生理功能和营养特性的海参功能性食品。

3.2.11.2 主要技术指标

鉴定专家一致认为，该课题"将现代生物技术与食品加工高新技术完美结合，酶解方案合理可行，多肽得率高，超微细处理、微胶囊造粒、发酵脱腥及冷冻干燥等食品高新技术有效地保留了海参的营养成分，该项成果居国内外领先水平，产品属国内首创，填补了国内外空白"。项目成果在

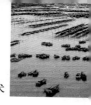

大连、威海、烟台、盘锦等多家企业实现产业化。

3.2.11.3 投资规模

以一个年生产能力 1 000t 的工厂为例，厂房占地面积范围在 300 ~ 1 000m², 设备投资在 100 万 ~ 500 万元。

3.2.11.4 市场前景及经济效益

经济效益大约 4 000 万元。

3.2.11.5 联系方式

联系单位：大连工业大学

通信地址：辽宁省大连市甘井子区轻工苑 1 号

联系电话：0411 – 86323287

电子信箱：zhubeiwei@163.com

3.2.12 海参全粉食品及其制备技术

3.2.12.1 技术简介

以天然全海参为原料，充分利用了在原始海参加工中被扔弃的肠、卵等废弃物，利用海参体壁特别是组织细胞中的细胞酶在特定的控制条件下进行自溶，是已开发"海参肽胶囊食品"技术的发展和提升，最大限度的保存了海参中原有的营养活性物质，减少了引用外源物质而产生的污染，同时也降低了成本。

3.2.12.2 主要技术指标

该项技术还采用了生物脱腥、超微细处理、微胶囊化、冷冻干燥等高新技术赋予产品滋味更鲜、营养更高、活性更强、绿色纯正的特征。

3.2.12.3 投资规模

以一个年生产能力 1 000t 的工厂为例，厂房占地面积范围在 1 000 ~ 2 000m², 设备投资在 800 万 ~ 1 500 万元。

3.2.12.4 市场前景及经济效益

经济效益大约 6 000 万元。

3.2.12.5 联系方式

联系单位：大连工业大学

通信地址：辽宁省大连市甘井子区轻工苑 1 号

联系电话：0411 - 86323287

电子信箱：zhubeiwei@163.com

3.2.13 水产动物蛋白提取物生产技术

3.2.13.1 技术简介

鱼虾类水产动物营养全面而丰富，并易于消化吸收，其氨基酸呈味性较植物类的更优。在海产丰富的地区，限于客观条件，尚将大量的鲜活品粗加工成鱼粉等低值产品。该项目是利用鱼虾、贝类水产品，经生物水解工艺获得氨基酸和蛋白肽等高级营养物质，产品可作为新一代高级天然调味料以及高级营养保健食品。该项目可获得高附加值的水产加工品，开发新的经济增长点，并且对于沿海资源丰富的地区，可使捕获的鲜货得以及时加工和充分利用，减少浪费和损失，保护环境，促进广大渔民的生产积极性，具有优良的经济和社会效益。

3.2.13.2 主要技术指标

产品得率约8%。

外观为淡黄色粉末。

蛋白氮含量 > 70%。

胃蛋白酶消化性 > 92%。

3.2.13.3 投资规模

以鲜鱼为原料，年产 100t 产品为例：

设备投资：350 万元。

生产厂房：400m^2（销售价以 100 元/kg（为进口价的 40%）计）。

年产值：1 000 万元。

生产成本：350 万元。

年利税：650 万元。

3.2.13.4 市场前景及经济效益

目前国际上科技先进国家将之一作为取代传统化学调味品的新一代天然高营养价调味料和高级营养保健食品，我国尚属起步，而市场需求量已越来越大，产品供不应求，每年需大量进口，即使价格昂贵（250 元/kg），可随着食品企业产品的升级换代，还是争先采用，因此发展本国产品，极为迫切，市场前景十分广阔。

3.2.13.5 联系方式

联系单位：江南大学科技开发服务部

通信地址：江苏省无锡市惠河路 170 号

联系电话：0510－5887668

电子信箱：kfzx@ sytu. edu. cn

3.2.14 水产品下脚料综合利用技术

3.2.14.1 技术简介

水产品（海产品）加工中的废弃物，以及无多大实用价值的鱼、虾、蟹、贝类等海产品，通过生物技术，可加工成海鲜调味品基料，进一步深加工，可加工成各种调味品系列产品和海鲜系列保健，休闲食品。

利用水产品（海产品）加工的废弃物包括皮、骨、头、尾和肉及无食用价值的小鱼、小虾生产调味品基料，有得天独厚的原料优势。开展这些废弃物的综合利用，辅以其他农副产品资源，兴办有系列调味品生产企业，不仅解决这些废弃物（环境污染）排放的难题，更重要的是为这些废弃物或低值资源加工大幅度升值找到一个新的突破口，为当地济形成一个新的经济增长点。

3.2.14.2　主要技术指标

（1）下脚料再利用。鱼背脊上的二片肉，原料利用率仅为30%左右。鱼脊骨及其周围的肉，采用适当的工艺，可加工成具有补钙和其他微量元素保健功能的休闲风味食品。剩下的废弃物，还可进一步综合利用。

（2）工废弃物和低值海产品综合利用。上述废弃物和低值海产品（如小鱼、小虾）预处理后，应用生物技术处理，分出鱼油和骨渣，可加工成调味品基料。这些基料，干燥后，可直接给方便面厂和调味品厂作调味原料使用；也可经调配后，加工成各种粉状、液体、酱状系列调味品；还可作为原料加工成海鲜味系列休闲风味食品。

3.2.14.3　投资规模

按年产500t中、高档海鲜调味品计，主要设备有反应罐、过滤机、包装机等；锅炉1t；电力50kV；厂房300m²；工人20名；总投资约150万元（如生产粉状产品，则另加喷雾干燥设备）。目前市场上中、高档调味品220g价格为7～10元，生产的海鲜调味品，以出厂价4元计，年产值 = $4.0 \times 500 \times 10^3 / 0.22 = 900$ 万元，利润可达250万元，可见可获良好的经济效益。

3.2.14.4　市场前景及经济效益

我国是调味品生产和消费的大国，传统的调味品生产和消费已有数千年历史。改革开放以来，越来越多的中、高档调味品面市并被广大消费者接受，同时，消费者也对调味品的种类、口味、花色、包装等提出了越来越高的要求。特别是海鲜调味品，越来越受消费者青睐。目前，国内仅有青岛、南通、广州少数几家厂家利用对虾头、文蛤等原料生产海鲜调味品，由于原料价格高，资源有限，限制了在家庭和工业（方便面、汤料等）生产上的广泛消费。海南具有独特的海洋资源优势和原料价格优势，具备大规模工业生产的条件。综合这些优势和条件，生产系列海鲜调味品，有非常广阔的市场前景。

3.2.14.5 联系方式

联系单位：江南大学科技开发服务部

通信地址：江苏省无锡市惠河路 170 号

联系电话：0510 - 5887668

电子信箱：kfzx@ sytu. edu. cn

3.2.15 水产品干燥加工节能减排技术及装备

3.2.15.1 技术简介

该技术采用除湿速率控制、空气回热双级除湿技术，其中除湿速率控制和双级除湿技术属世界首创，省级科技成果鉴定认为"该技术成果整体达到国际先进水平，在热泵干燥机的热泵控制技术和系统节能技术研究方面处于国际领先水平"。除湿速率控制技术通过在线监测物料的干燥情况，自动改变设备运行工况，适应物料干燥工艺，缩短物料干燥周期和提高脱水效率，较传统热泵可节能 16% 以上，是国际上首个采用计算机软件控制，实现提高热泵除湿速率的技术。空气回热技术利用回热器低热阻的热传递特性，在不增加系统能耗的情况下，有效利用干燥介质自身的能量进行预除湿和再加热，提高干燥效率。双级空气除湿技术利用两级制冷脱水技术提供低湿空气，解决水产品干燥加工后期脱水速率低的难题。

3.2.15.2 主要技术指标

①脱水比能耗：≤2 500kJ/kg 水（28℃，80% 时）；②工作温度：18 ~ 35℃；③极限相对湿度（空载时）：≤35%（T = 18℃）；≤28%（T = 35℃）；④所干燥加工的鱼干品质达到或超过相关标准；⑤批处理量：≥1.5t原料/批；所研制的热泵干燥技术和设备在水产加工企业得到生产应用，单机年处理原料鱼 500t 以上；设备年生产能力达 50 台套。

以 RG-185 型热泵干燥机加工鱿鱼为例：

批处理量为 500kg，出产品 125kg，干燥时间 17 ~ 22h；

装机功率：23kW。

设备外形尺寸（长×宽×高）：6.6m×3m×3m。

3.2.15.3 投资规模

投资规模450万元。设备售价20万元，达产年销售收入1 000万元，年利润总额为231.1万元，年税后利润为173.3万元。投资利润率50%，静态投资回收期约2年。盈亏平衡点48.2%。

RG-185型热泵干燥机造价21.1万元。

RG-250型热泵干燥机造价34.5万元。

RG-350型热泵干燥机造价47.7万元。

以RG-185型水产品热泵干燥机为例：

（1）需要场地（长×宽×高）：7.6m×5m×3.5m。

（2）三相380V、23kW电源。

3.2.15.4 市场前景及经济效益

该项目技术装备在100多家企业推广应用，加工产品涉及肉类、水产、稻谷、果蔬及中草药等农产品40多种。近3年，项目完成单位推广设备288套，累计新增产值6 300多万元，新增利税近1 300万元。我国鱼干制品年产量约为100万t，消耗原料约300万t。以现有鱼干制品的1/3采用热泵干燥技术进行加工为例，需要年消化原料鱼250t的热泵干燥设备4 000台以上。该单位已开发研制的RG型系列热泵干燥设备的性能与进口设备相近，而设备售价约为进口设备的1/3，在国内市场占有率达90%以上，为项目成果推广提供了必备基础。

3.2.15.5 联系方式

联系单位：广东省农业机械研究所

通信地址：广东省广州市天河区五山路261号

联系电话：020-38481783

电子信箱：lqh@ gddrying.com